C言語による
はじめて学ぶ信号処理

大石 邦夫 著

コロナ社

まえがき

　携帯音楽プレーヤ，DVD プレーヤ，ディジタルカメラ，携帯電話，ディジタル放送などのように身近な機器のほとんどがディジタル化されている．これらの機器では，アナログ信号処理の時代には実現不可能であった機能，サービス，利便性を利用することができる．JPEG，MPEG，または MP3 などでは，画・音質を大幅に劣化させることなく高い圧縮率を達成するために，信号の周波数解析，量子化，符号化を有機的に組み合わせている．信号の周波数解析は，高能率な符号化に不可欠な信号処理で，圧縮率向上に貢献している．画像情報は視覚モデルと量子化，音声情報は心理聴覚モデルと量子化によってそれぞれ削減される．

　ところで，ディジタル信号は数値列で表される．この数値列をアルゴリズムに基づく計算手順によって処理することを信号処理といい，上述したように現在使用されているディジタル機器は，基本的な信号処理の組合せによって実現されている．よって，信号処理の知識を習得するうえで基本処理とその特性を十分に理解することが大変有益なのである．

　1999 年に『C 言語によるディジタル信号処理入門』を久保田一先生とともに発行し，プログラムの実行を促す箇所を随所に設けて習うより慣れろを基本にディジタル信号処理の入門書としての役割を担ってきた．しかし，機器のディジタル化が予想以上に急速に進み，ディジタル信号処理が特別なものではなくなり，「ディジタル」のほうが「アナログ」より身近な存在となった．また，「アナログ」と「ディジタル」の垣根が事実上ほとんどなくなったことを考慮して『C 言語によるはじめて学ぶ信号処理』として発行するに至ったしだいである．

　内容としては，習うより慣れろを基本に最後まで読み通していただけることに力を注いだ『C 言語によるディジタル信号処理入門』の精神は継承し，数学

的な理論解説にも重点を置いた。本書の構成は，久保田一先生と執筆した時点の骨格を踏襲している。

　能率的に信号処理を深く理解するには，C言語のように技法が確立されているプログラミングを用いた動作確認が近道である。この学習方法は，プログラムの知識が豊富な場合には有効である。『C言語によるディジタル信号処理入門』と同様，本書の書名にもあるようにC言語のプログラミングによって，信号処理で重要な数式の時間的な流れ，処理の流れを明確にする。また，本書ではFFTやディジタルフィルタの設計などもでき，実用的な価値もある。本文を読みながら，その記述を，プログラムの実行で確認して頂きたい。

　本書が信号処理の入門書として，学生諸君，エンジニアの方々のお役に立てれば幸いである。また，本書により信号処理に多くの人々が興味・関心を持ってくれることを切望している。

　本書の出版にあたってご尽力いただいたコロナ社に心からお礼を申し上げる。

2013年2月

大石　邦夫

目　　　次

1. ディジタル信号処理の概要と特徴

1.1　A-D変換 …………………………………………………… *1*
1.2　標本化定理 ………………………………………………… *3*
　1.2.1　標本化(サンプリング) ………………………………… *3*
　1.2.2　エイリアシング ………………………………………… *5*
　1.2.3　アナログ信号の復元 …………………………………… *7*
1.3　量子化器の特性 …………………………………………… *12*
1.4　ディジタル信号処理 ……………………………………… *14*
章末問題 ………………………………………………………… *15*

2. ディジタルフィルタの基礎

2.1　差分方程式 ………………………………………………… *17*
　2.1.1　ディジタルフィルタの構成要素 ……………………… *17*
　2.1.2　差分方程式による入出力信号の関係 ………………… *19*
2.2　ディジタルフィルタのインパルス応答 ………………… *20*
　2.2.1　C言語によるインパルス応答の計算 ………………… *20*
　2.2.2　巡回形フィルタのインパルス応答 …………………… *26*
　2.2.3　非巡回形フィルタのインパルス応答 ………………… *29*
　2.2.4　IIRフィルタの安定性とインパルス応答 …………… *33*
2.3　ディジタルフィルタのステップ応答 …………………… *34*

2.4 たたみ込み演算 ………………………………………………………… 37
章末問題 …………………………………………………………………… 43

3. ディジタルフィルタの特性

3.1 パソコンによる振幅と位相の計算 …………………………………… 45
3.2 z 変換 …………………………………………………………………… 48
   3.2.1 z 変換の定義 ……………………………………………………… 48
   3.2.2 z 変換の性質 ……………………………………………………… 51
   3.2.3 逆 z 変換の定義 …………………………………………………… 53
3.3 ディジタルフィルタの伝達関数と安定性 …………………………… 56
   3.3.1 インパルス応答と伝達関数 …………………………………… 56
   3.3.2 伝達関数の極と零点 …………………………………………… 57
   3.3.3 インパルス応答と極の位置関係 ……………………………… 58
   3.3.4 1次 IIR フィルタの安定性の確認 …………………………… 60
3.4 周波数特性 ……………………………………………………………… 63
   3.4.1 振幅特性と位相特性 …………………………………………… 63
   3.4.2 周波数特性によるディジタルフィルタの分類 ……………… 67
   3.4.3 C 言語による周波数特性の表示 ……………………………… 69
   3.4.4 低域通過フィルタから各種フィルタへ ……………………… 76
章末問題 …………………………………………………………………… 78

4. 高速フーリエ変換とスペクトル分析

4.1 離散フーリエ変換と離散逆フーリエ変換 …………………………… 79
   4.1.1 離散フーリエ変換の定義 ……………………………………… 79
   4.1.2 直交変換 ………………………………………………………… 80

4.1.3　変換行列を用いた DFT ………………………………… *81*
　4.1.4　DFT の性質 ……………………………………………… *84*
　4.1.5　離散逆フーリエ変換の定義 ……………………………… *87*
　4.1.6　変換行列を用いた IDFT ………………………………… *88*
　4.1.7　C 言語による DFT と IDFT のプログラミング ……… *89*
4.2　高速フーリエ変換と高速逆フーリエ変換 …………………… *97*
　4.2.1　FFT の導入 ………………………………………………… *97*
　4.2.2　バタフライ演算と FFT アルゴリズム ………………… *102*
　4.2.3　FFT アルゴリズムの複素加・乗算回数 ………………… *104*
　4.2.4　ビット反転 ………………………………………………… *105*
　4.2.5　高速逆フーリエ変換 ……………………………………… *107*
　4.2.6　C 言語による FFT と IFFT のプログラミング ……… *107*
4.3　窓関数とスペクトル分析 ……………………………………… *116*
章末問題 ………………………………………………………………… *122*

5. ディジタルフィルタの設計

5.1　IIR フィルタの設計 …………………………………………… *124*
　5.1.1　アナログフィルタの設計 ………………………………… *125*
　5.1.2　バタワース特性 …………………………………………… *125*
　5.1.3　チェビシェフ特性 ………………………………………… *131*
　5.1.4　アナログフィルタの周波数変換 ………………………… *142*
　5.1.5　双 1 次変換法 ……………………………………………… *143*
　5.1.6　$s-z$ 変換 …………………………………………………… *146*
　5.1.7　IIR フィルタの設計手順 ………………………………… *150*
　5.1.8　双 1 次変換の適用例 ……………………………………… *150*
5.2　FIR フィルタの設計 …………………………………………… *153*

| 5.2.1 直線位相特性 ………………………………………… 154
| 5.2.2 直線位相 FIR フィルタの設計 ……………………… 155
| 5.2.3 直線位相 FIR の設計例 ……………………………… 158
| 5.2.4 窓 関 数 法 …………………………………………… 165
| 5.2.5 窓関数法による設計例 ………………………………… 165
| 5.3 ディジタルフィルタの構成 …………………………………… 167
| 5.3.1 IIR フィルタの構成 …………………………………… 167
| 5.3.2 FIR フィルタの構成 …………………………………… 170
| 章 末 問 題 ……………………………………………………… 171
| 引用・参考文献 …………………………………………………… 173
| 索   引 ……………………………………………………… 174

【 サンプルプログラムと章末問題解答の入手について 】

本書で使用したサンプルプログラムと章末問題解答は本書の書籍ページ
    URL: http://www.coronasha.co.jp/np/isbn/9784339008470/
からダウンロードによって入手できます。本書ではサンプルプログラムを以下のように表示
しています。右にあるファイル名 2iirView.cpp がそのプログラムのファイル名となります。

　　　　2iirView.cpp

　使い方等については，ReadmeFirst.txt をご覧ください。本書のすべてのサンプルプログ
ラムは

　　ハードウェア：SONY VAIO（メモリ 8 GB，ハードディスク 256 GB）

　　ソフトウェア：日本語 Microsoft Windows 7 Sp1，Microsoft Visual Studio 2010 日本
　　　　　　　　語版
のシステム環境で動作することを確認しています。本書のサンプルプログラムは，情報理論に
おいて必要な部分のみを掲載しています。そのため，掲載したプログラムと実際のプログラム
の表示が一部異なる場合があります。

　なお，使用に際しては以下の点をご留意ください。
- 本ソフトウェアを商用で使用することはできません。
- 本ソフトウェアのコピーを他に流布することもできません。
- 本ソースコードの改変は営利目的でない限り自由に行っていただいてかまいません。
- 本ソフトウェアを使用することによって生じた損害等につきまして，著作者，コロナ社は一切の責任を負いません。
- 本書に掲載したプログラムの範囲を超える問合せは受け付けておりませんので，あらかじめご了承ください。

Microsoft, MS-DOS, Windows は米国 Microsoft Corporation の登録商標です。
Windows 7, Visual Studio 2010 は米国 Microsoft Corporation の商標です。
その他，会社名，商品名，製品名は，一般に各社の商標もしくは登録商標です。

1 ディジタル信号処理の概要と特徴

ディジタル信号はどのような信号で，どのような過程を経てアナログ信号から変換されるのであろうか。逆に，元のアナログ信号はどのような過程を経てディジタル信号から再現できるのであろうか。また，ディジタル信号処理はどのような特徴をもっているのであろうか。ここでは，ディジタル信号処理を学ぶにあたり必要な基礎知識，アナログ信号とディジタル信号を結ぶ変換方法，記号の定義などについて説明する。

1.1 A-D 変 換

アナログ信号（analog signal）とは，時間軸と振幅軸がともに連続な信号である。アナログ信号の一例とし図 **1.1**(a) に振幅 5, 周波数 1 kHz, 初期位相 $-\pi/6$ の正弦波を示す。アナログ信号は，① 標本化，② 量子化によって**ディジタル信号**（digital signal）に変換される。

アナログ信号 $x(t)$ から T_s 秒ごとに時刻 $t = nT_s$ の瞬間の振幅を取り出し，**標本値列**（sampled signal）$\{x(nT_s); n = \cdots, -1, 0, 1, \cdots\}$ を得る操作を**標本化**（sampling）という。ただし，n は整数である。T_s を**標本化周期**（sampling period）といい，**標本化周波数**（sampling rate）f_s は

$$f_s = \frac{1}{T_s} \tag{1.1}$$

で与えられる。図 (a) の正弦波を標本化周期 $T_s = 0.1\,\mathrm{ms}$ で標本化すると，図 (b) の標本値列を得る。標本値 $x(nT_s)$ を適当なビット数の 2 進数に変換する操

1. ディジタル信号処理の概要と特徴

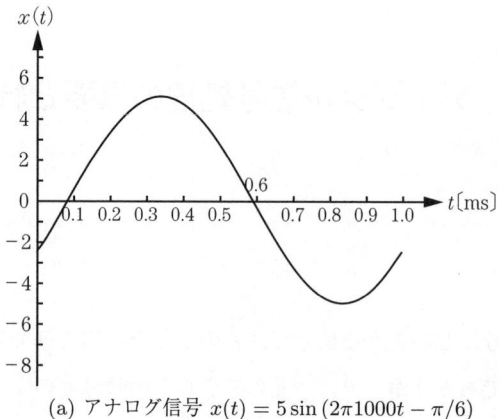

(a) アナログ信号 $x(t) = 5\sin(2\pi 1000 t - \pi/6)$

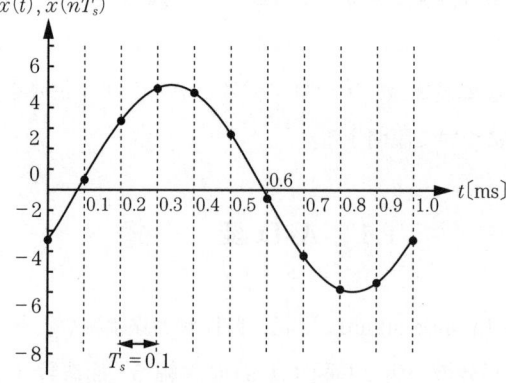

(b) 標本値列 $x(nT_s) = 5\sin(\pi n/5 - \pi/6)$

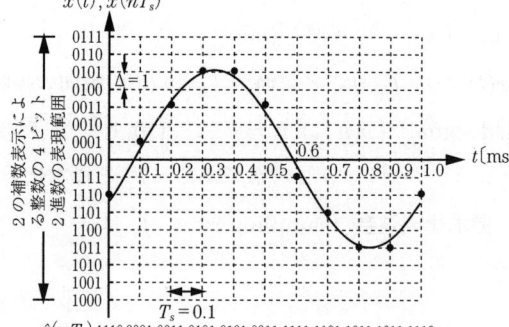

(c) ディジタル信号 $\hat{x}(nT_s)$

図 **1.1** A-D変換

作を**量子化**（quantization）または**符号化**（coding）という。この値を $\hat{x}(nT_s)$ と書くことにすれば，量子化された標本値列 $\{\hat{x}(nT_s); n = \cdots, -1, 0, 1, \cdots\}$ を**ディジタル信号**と呼んでいる。逆に，ディジタル信号から標本値を求める操作を**逆量子化**と呼ぶ。図 (b) の標本値列を整数の **2 の補数表示**（two's complement representation）による 4 ビット 2 進数で量子化すると，図 1.1(c) のディジタル信号

$$\{1110\,0001\,0011\,0101\,0101\,0011\,1111\,1101\,1011\,1110\,1110\}$$

を得る。

　有限語長の 2 進数で標本値を表現すると，元の標本値との間に違いが生じる。元の標本値と有限語長の 2 進数に変換されたディジタル量の差 $\varepsilon(nT_s) = x(nT_s) - \hat{x}(nT_s)$ は**量子化誤差**（quantization error）と呼ばれ，実例として電話とコンパクトディスクの標本化周波数と量子化ビット数を**表 1.1** を示す。

表 1.1　標本化周波数と量子化ビット数の例

	標本化周波数 f_s	信号の周波数帯域	量子化ビット数
電話	8 kHz	300 Hz ~ 3.4 kHz	8
コンパクトディスク	44.1 kHz	5 Hz ~ 20 kHz	16

　本書では，標本値列を単に $x(nT_s)$ と表記することにし，**離散時間信号**（discrete-time signal）と呼ぶことにする。ディジタル信号についても同様に $\hat{x}(nT_s)$ と表記する。通常，標本化と量子化を合わせて **A-D 変換**（analog-to-digital conversion）と呼ぶ。A-D 変換と逆の操作が D-A 変換である。

1.2　標 本 化 定 理

1.2.1　標本化 (サンプリング)

図 **1.2** に示した幅 a，振幅 $1/a$ の単位面積の矩形波 $\delta_a(t)$ の極限

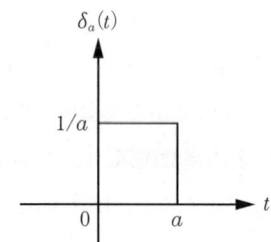

図 **1.2** 単位面積の矩形波 $\delta_a(t)$

$$\delta(t) = \lim_{a \to 0} \delta_a(t) \tag{1.2}$$

によって定義される**デルタ関数**(delta function)$\delta(t)$ を時間間隔 T_s で並べると**単位パルス列**(unit pulse sequence)

$$p_{T_s}(t) = \sum_{n=-\infty}^{\infty} \delta(t - nT_s) \tag{1.3}$$

を得る。単位パルス列 $p_{T_s}(t)$ を用いると,図 **1.3** のように,つぎの手順によってアナログ信号 $x(t)$ から T_s 秒ごとに標本値が得られる。

1) アナログ信号 $x(t)$ に単位パルス列 $p_{T_s}(t)$ を乗算して瞬間の振幅

$$\begin{aligned} x_s(t) &= x(t) p_{T_s}(t) \\ &= \sum_{n=-\infty}^{\infty} x(t) \delta(t - nT_s) \\ &= \sum_{n=-\infty}^{\infty} x(nT_s) \delta(t - nT_s) \end{aligned} \tag{1.4}$$

を取り出す。

2) 瞬間の振幅 $x_s(t)$ を微小な時間区間 T_s で積分

$$x(nT_s) = \int_{nT_s}^{(n+1)T_s} x_s(\tau) \, d\tau \tag{1.5}$$

する。積分は**ホールド回路**(holder)によって実現される。

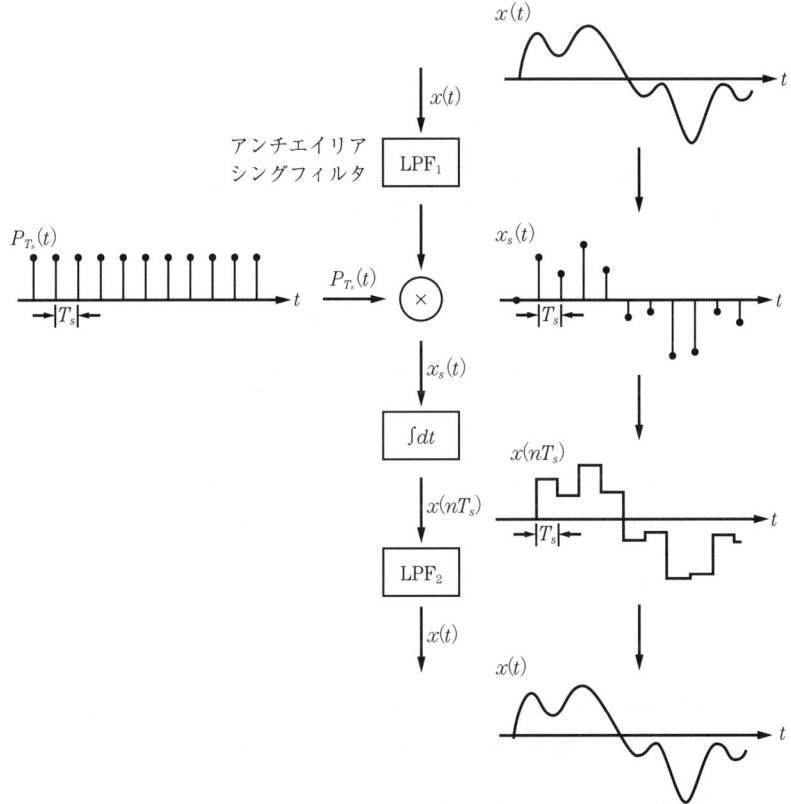

図 1.3 アナログ信号の標本化と復元

1.2.2 エイリアシング

振幅 1, 周波数 3 kHz, 7 kHz, 13 kHz の正弦波をそれぞれ標本化周期 $T_s = 0.1\,\mathrm{ms}$ で標本化した標本値列を図 1.4 に示す。異なる周波数から得られる標本値列が等しく, 標本値列から元の正弦波を一意に復元できないことがわかる。

標本化周波数 f_s を用いると, **ナイキスト周波数**（Nyquist frequency）は

$$f_n = \frac{f_s}{2} \tag{1.6}$$

で定義され, $x(nT_s)$ の周波数帯域の上限である。$T_s = 0.1\,\mathrm{ms}$ のとき, 標本化周波数は $f_s = 10\,\mathrm{kHz}$, ナイキスト周波数は $f_n = 5\,\mathrm{kHz}$ になる。

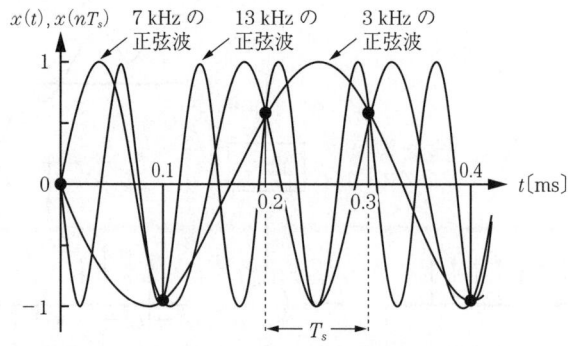

図 1.4　正弦波の標本化 ($T_s = 0.1$ms)

図 1.5 のように横軸 f_A に正弦波の周波数，縦軸 f_D に正弦波と標本化系列が一致する帯域 $0 \sim 5$ kHz の周波数をそれぞれ割り当てると，7 kHz，13 kHz，17 kHz，… の正弦波は 3 kHz の正弦波に等しいことがわかる。f_n 以上の周波数 f_A の正弦波から得られた標本値列は，n を整数とすると

$$f_A = nf_s \pm f_D \quad (0 \leq f_D \leq f_n) \tag{1.7}$$

のように周波数帯域 $0 \sim f_n$ の周波数 f_D の正弦波から得られた標本値列と等しくなる。このような現象を**エイリアシング**（aliasing）という。元のアナログ信号を一意に復元するには，図 1.3 に示すように標本化の前に**低域通過フィルタ**（lowpass filter, LPF）LPF$_1$ を接続して f_n より高い周波数成分をアナログ信号 $x(t)$ から除去する必要がある。このフィルタを**アンチエイリアシング**

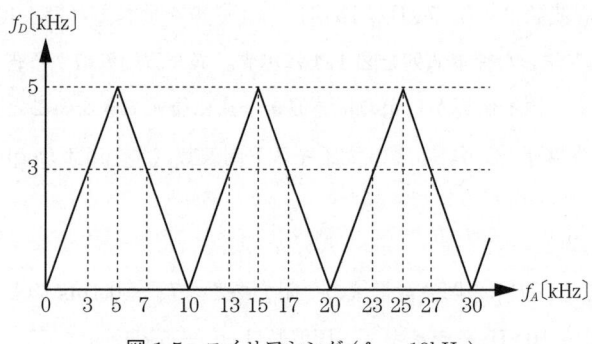

図 1.5　エイリアシング ($f_s = 10$kHz)

フィルタ (anti-aliasing filter) と呼ぶ。

1.2.3 アナログ信号の復元

$x(t)$ のフーリエ変換 (Fourier transform)[†]を $X(\omega)$ で表記すると，瞬間の振幅 $x_s(t)$ のフーリエ変換 $X_s(\omega)$ は $X(\omega)$ を $\omega_s(=2\pi/T_s)$ ごとにシフトしたものを加算することによって

$$X_s(\omega) = \int_{-\infty}^{\infty} x_s(t) e^{-j\omega t} dt$$
$$= \frac{\omega_s}{2\pi} \sum_{k=-\infty}^{\infty} X(\omega - k\omega_s) = \frac{1}{T_s} \sum_{k=-\infty}^{\infty} X(\omega - k\omega_s) \quad (1.8)$$

で表される。図 **1.6** のように $x(t)$ が ω_n より高い周波数成分を含まない場合 ($|X(\omega)|=0$ ($|\omega|>\omega_n$))，周波数帯域 $|\omega|\leqq\omega_n$ では $X(\omega)$ と $X_s(\omega)$ は一致するので，周波数帯域 $|\omega|\leqq\omega_n$ の成分を $X_s(\omega)$ から取り出すと

$$X(\omega) = T_s X_s(\omega) \quad (|\omega|\leqq\omega_n) \quad (1.9)$$

となる。

$X_s(\omega)$ から周波数帯域 $|\omega|\leqq\omega_n$ の周波数成分を取り出すために，図 **1.7** のような周波数特性

$$H(\omega) = \begin{cases} 1 & (|\omega|\leqq\omega_n) \\ 0 & (|\omega|>\omega_n) \end{cases} \quad (1.10)$$

を有する理想低域通過フィルタ LPF_2 に $X_s(\omega)$ を通過させる。理想 LPF の出力信号

$$X(\omega) = T_s H(\omega) X_s(\omega) = \frac{1}{2f_n} H(\omega) X_s(\omega) \quad (1.11)$$

を逆フーリエ変換 (inverse Fourier transform) すると

[†] $x(t)$ のフーリエ変換は
$$X(\omega) = \mathcal{F}[x(t)] = \int_{-\infty}^{\infty} x(t) e^{-j\omega t} dt$$
で与えられる。

1. ディジタル信号処理の概要と特徴

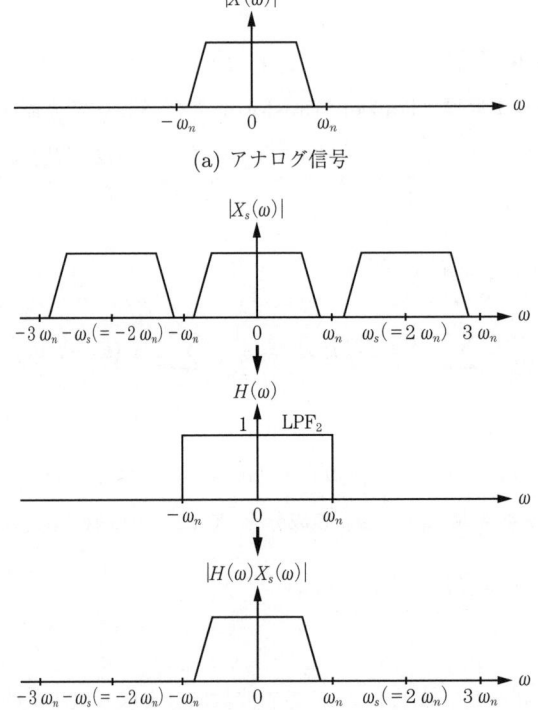

(a) アナログ信号

(b) 標本化された信号 $x_s(t)$ と LPF_2 による周波数帯域 $|\omega| \leq \omega_n$ の抽出

図 **1.6** 周波数成分が $|X(\omega)| = 0\ (|\omega| > \omega_n)$ のアナログ信号 $x(t)$ と標本化された信号 $x_s(t)$ の周波数解析

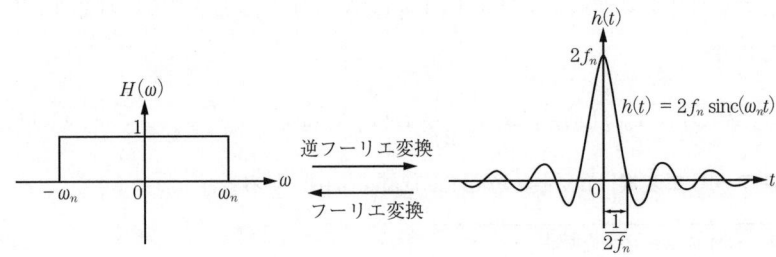

図 **1.7** 低域通過フィルタ LPF_2 の周波数特性とインパルス応答

$$x(t) = \frac{1}{2\pi} \int_{-\infty}^{\infty} X(\omega) e^{j\omega t} d\omega$$

$$= \sum_{n=-\infty}^{\infty} x(nT_s) \frac{\sin \omega_n (t - nT_s)}{\omega_n (t - nT_s)}$$

$$= \sum_{n=-\infty}^{\infty} x(nT_s) \mathrm{sinc} \{\omega_n (t - nT_s)\} \tag{1.12}$$

を得る[†]。ここで，式 (1.4) より

$$X_s(\omega) = \int_{-\infty}^{\infty} x_s(t) e^{-j\omega t} dt$$

$$= \int_{-\infty}^{\infty} \left(\sum_{n=-\infty}^{\infty} x(nT_s) \delta(t - nT_s) \right) e^{-j\omega t} dt$$

$$= \sum_{n=-\infty}^{\infty} x(nT_s) e^{-j\omega n T_s} \tag{1.13}$$

を用いている。sinc 関数

$$\mathrm{sinc}(x) = \frac{\sin x}{x} \tag{1.14}$$

は図 1.7 のように $\lim_{x \to 0} \mathrm{sinc}(x) = 1$ であるので，$t = nT_s$ で標本値に一致し，それ以外の時刻では標本値間を滑らかな曲線で結び，**図 1.8** のように標本値列から元のアナログ信号 $x(t)$ を復元することができる。これを**標本化定理** (sampling theorem) という。以下に標本化定理をまとめる。

[†] $X(\omega)$ の逆フーリエ変換は

$$x(t) = \mathcal{F}^{-1}[X(\omega)]$$
$$= \frac{1}{2\pi} \int_{-\infty}^{\infty} X(\omega) e^{j\omega t} d\omega$$

で与えられる。

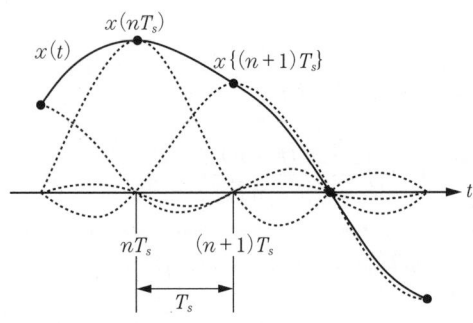

図 1.8 sinc 関数によるアナログ信号 $x(t)$ の復元

標本化定理

アナログ信号 $x(t)$ のフーリエ変換を $X(\omega)$ と表記すると

$$X(\omega) = 0 \quad (|\omega| > \omega_n) \tag{1.15}$$

を満足するように $x(t)$ の周波数成分が LPF で帯域制限されていれば，標本化周期 T_s の離散時間信号 $x(nT_s)$ から元のアナログ信号 $x(t)$ を完全に復元できる。

図 1.9 にアナログ信号の標本化，アンチエイリアシングフィルタの必要性，アナログ信号の復元を時間領域の波形でまとめる。標本化周波数 $f_s = 10\,\mathrm{kHz}$ より標本化周期は $T_s = 0.1\,\mathrm{ms}$ になる。ナイキスト周波数は $f_n = 5\,\mathrm{kHz}$ であるので，遮断周波数 $5\,\mathrm{kHz}$ の LPF で帯域制限すれば，標本値列は $3\,\mathrm{kHz}$ の正弦波から得られたもののみとなる。つぎに，アナログ信号の復元の過程において標本値列から $3\,\mathrm{kHz}$ の正弦波は一意に復元できないので，遮断周波数 $5\,\mathrm{kHz}$ の LPF によって帯域制限すると，$3\,\mathrm{kHz}$ の正弦波を完全に復元できる。

図 1.3 において積分の後に接続されている LPF_2 は，$X_s(\omega)$ から $|\omega| \leqq \omega_n$ の周波数成分を取り出すために使用され，これによって元のアナログフィルタを完全に復元することができる。一方，図 1.10 のように $x(t)$ が ω_n より高い周波数成分をもつ場合 $(|X(\omega)| \neq 0 \ (|\omega| > \omega_n))$，周波数帯域 $|\omega| \leqq \omega_n$ では $X(\omega)$ と $X_s(\omega)$ は一致せず，灰色の部分に**折り返しひずみ**（aliasing distortion）が

1.2 標本化定理

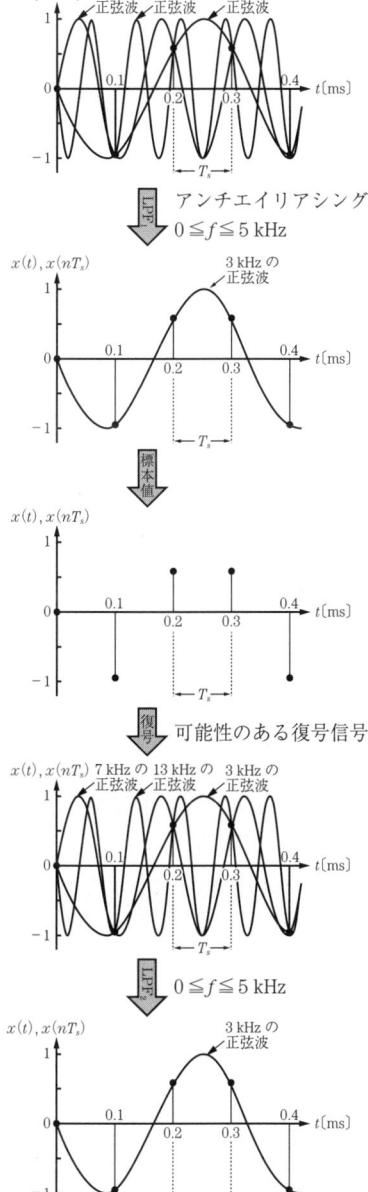

図 1.9 正弦波の標本化と復元

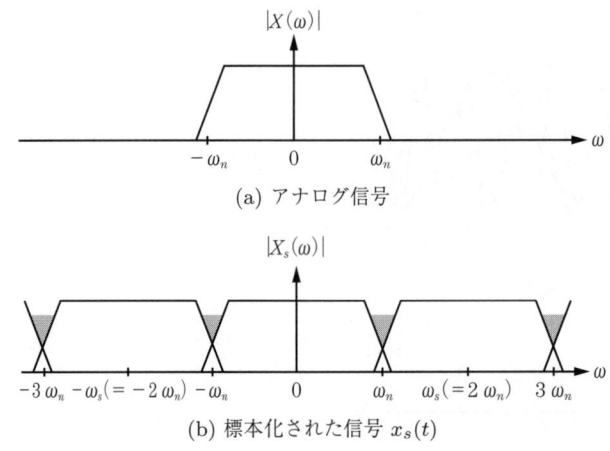

図 1.10 周波数成分が $|X(\omega)| \neq 0\ (|\omega| > \omega_n)$ のアナログ信号 $x(t)$ と標本化された信号 $x_s(t)$ の周波数解析

生じる。このとき，アナログ信号 $x(t)$ の復元は不可能になる。

1.3 量子化器の特性

量子化器において標本値を有限語長の 2 進数でディジタル量に変換すると量子化誤差が発生する。図 **1.11**(a) に量子化器の特性を示す。この量子化器の特性は丸めにより量子化と等しく，許される入力信号の範囲は $[-x_{\min}, x_{\max}]$ である。図 (a) は 2 の補数表示を用いて $[-4, 3]$ の範囲の信号 x を 3 ビットの整数で量子化した例を示したものである。整数の 2 の補数表示であるので，量子化ステップ幅は $\Delta = 1$ になる。

振幅 V_m，角周波数 ω の正弦波を量子化すると，量子化ビット数が R のとき，量子化レベル数 L が

$$L = 2^R \tag{1.16}$$

であるので，量子化ステップ幅

$$\Delta = \frac{x_{\max} - (-x_{\min})}{L} = \frac{2V_m}{L} \tag{1.17}$$

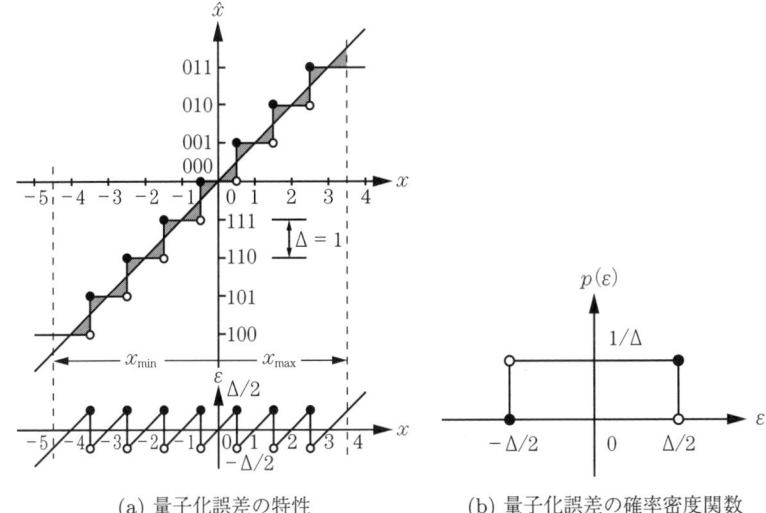

(a) 量子化誤差の特性　　(b) 量子化誤差の確率密度関数

図 **1.11** 量子化器の特性

を得る。量子化レベル数 L が十分に大きいとき，図 1.11(b) のように量子化誤差

$$\varepsilon = x - \hat{x} \tag{1.18}$$

は $-\Delta/2 \sim \Delta/2$ に一様に分布する雑音

$$p(\varepsilon) = \begin{cases} \dfrac{1}{\Delta} & (-\Delta/2 < \varepsilon \leq \Delta/2) \\ 0 & (\varepsilon \leq -\Delta/2,\ \Delta/2 < \varepsilon) \end{cases} \tag{1.19}$$

と考えることができる。$p(\varepsilon)$ は量子化誤差 ε の確率密度関数である。表示が煩雑になるので，時刻を表す添字は省略している。このとき，ε の平均 2 乗 $\overline{\varepsilon^2}$ によって雑音電力

$$N = \overline{\varepsilon^2} = \int_{-\Delta/2}^{\Delta/2} \varepsilon^2 p(\varepsilon) d\varepsilon = \frac{1}{\Delta} \int_{-\Delta/2}^{\Delta/2} \varepsilon^2 d\varepsilon = \frac{1}{\Delta} \left[\frac{\varepsilon^3}{3} \right]_{-\Delta/2}^{\Delta/2} = \frac{\Delta^2}{12} \tag{1.20}$$

が求まる。式 (1.17) より振幅 V_m，角周波数 ω の正弦波の電力 S は

$$S = \left(\frac{V_m}{\sqrt{2}} \right)^2 = \frac{L^2 \Delta^2}{8} \tag{1.21}$$

であるので，**信号対雑音比**（signal-to-noise ratio, SNR）はデシベル表示で

$$\text{SNR} = 10\log_{10}\frac{S}{N} = 10\log_{10}\left(\frac{3}{2}L^2\right) = 10\log_{10}\left(\frac{3}{2}2^{2R}\right)$$

$$\simeq 1.76 + 20R\log_{10}2 \simeq 1.76 + 6.02R \quad \text{〔dB〕} \tag{1.22}$$

と表される。量子化ビット数を1ビット増やすと，SNRは6dB改善されることがわかる。代表的な量子化ビット数とSNRの関係を**表1.2**にまとめる。

表 1.2　量子化ビット数と SNR の関係

量子化ビット数 R	SNR 〔dB〕
8	49.92
12	74.00
16	98.08
20	122.16

実際のディジタル信号処理においては，量子化誤差の影響を考慮しなければならない。しかし，時間と振幅の両軸が不連続な量を数学的に厳密に取り扱うことは難解である。そこで，ここでは，一意に元のアナログ信号に復元することが可能な標本値列を用いて説明を進める。

1.4　ディジタル信号処理

アナログ信号 $x(t)$ を A-D 変換して得られたディジタル信号 $\hat{x}(nT_s)$ に，アルゴリズムに基づく適当な信号処理を施した後，処理結果をアナログ信号 $y(nT_s)$ として出力する一連の操作を**ディジタル信号処理**（digital signal processing）と呼ぶ。**図1.12**にディジタル信号処理の概略を示す。信号処理は代数的な演算によって構成されているので，コンピュータを利用して実現することができる。

ディジタル信号処理に要求される条件は，単位標本化周期内に，入力されたディジタル信号 $\hat{x}(nT_s)$ に処理を施した後，結果を出力し，つぎの時刻の入力信号 $\hat{x}\{(n+1)T_s\}$ を受け取る準備をしなければならないことである。この要求に対して，近年，**DSP**（digital signal processor）と呼ばれる信号処理専用

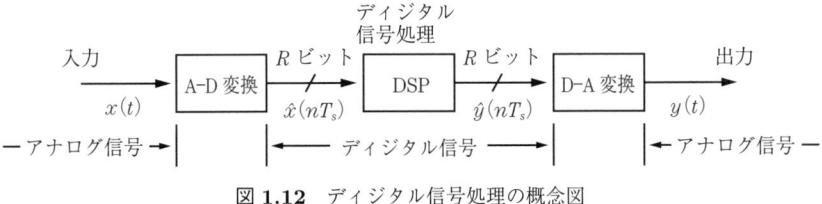

図 **1.12** ディジタル信号処理の概念図

プロセッサが各種開発され，ディジタル信号処理の高速処理が可能となっている。以下に，ディジタル信号処理の特徴をまとめる。

- ソフトウェアを変更することによって，処理内容(アルゴリズム)を容易に変更できる。
- 温度変化，経年変化が問題とならない。
- LSI 技術を利用すると，小型化，高信頼化，低コスト化が図れる。
- DSP を用いると，ディジタル信号処理を実時間処理できる。

ところで，時間と振幅の両軸が不連続な量を数学的に厳密に取り扱うことは困難であるので，数学的な表現，理解を容易にするために，一意に元のアナログ信号を復元することが可能な標本値列を使用することについてはすでに述べた。一方，ディジタルフィルタ，スペクトル分析，適応ノイズキャンセラなどのディジタル信号処理においては，どのような信号が使用されているのか一見してわかるように信号が表示されていると都合がよい。そこで，2章では，数値列で示される標本値列の代わりに離散時間信号を用いて，ディジタルフィルタの実現法，特性について詳しく説明しよう。

章 末 問 題

【1】 標本化周波数 $f_s = 1\,\mathrm{kHz}$ でアナログ信号 $x(t)$ から離散時間信号 $x(nT_s)$ を生成する。
  (1) 標本化周期 T_s を求めよ。
  (2) ナイキスト周波数 f_n を求めよ。
  (3) $x(t) = 1 + \sin(2\pi 250 t)$ のとき，標本値列を求めよ。
  (4) アンチエイリアシングの発生を抑えるために，アンチエイリアシング

フィルタが除去する周波数帯域を求めよ。

(5) アンチエイリアシングフィルタを使用しない場合，$x(nT_s) = \sin(2\pi 850 n T_s)$ と標本値系列が一致する周波数帯域 $0 \sim f_n$ 内の正弦波の周波数を求めよ。

【2】 2の補数表示を用いて次の10進数の整数部を5ビット，小数部を4ビットの2進数に変換せよ。必要ならば丸めを使用せよ。次いで，元の値と2進数で表現された値の差を求めよ。

(1) 13.625 (2) −0.15625 (3) 7.7 (4) −11.1

2 ディジタルフィルタの基礎

ディジタルフィルタという言葉を聞くと，非常に難しいものを想像されるかもしれない。しかし，実際には，パソコンを用いて簡単に実現することができるのである。ここでは，C言語を用いてディジタルフィルタをパソコン上に実現していく過程で，プログラムのどこでなにを実行しているのかを詳しく説明する。2章の終わりまでに，ここで取り上げたプログラムのどこをどのように変更すると，どのようなディジタルフィルタが実現できるのかを体得していただけるはずである。また，プログラムを部分的に変更しながら，ディジタルフィルタを理解するうえで重要な理論についてもあわせて示すことにする。

2.1 差分方程式

ディジタルフィルタの特徴は，多くの種類の複雑な演算を使用することなく，基本的な2種類の演算とメモリのみを用いて構成できることである。ここでは，基本的な演算とメモリについて説明するとともに，これらを組み合わせて作られた数式が，まさにディジタルフィルタそのものであることを示そう。

2.1.1 ディジタルフィルタの構成要素

ディジタルフィルタは，つぎに示す三つの要素から構成されている。

（1）加算器　　N個の入力信号$x_1(nT_s), x_2(nT_s), \cdots, x_N(nT_s)$の和

$$y(nT_s) = \sum_{i=1}^{N} x_i(nT_s) \tag{2.1}$$

表 2.1 ディジタルフィルタの構成要素と機能

	シンボル	機　能
加算器	$x_1(nT_s) \to \Sigma \to y(nT_s)$, $x_2(nT_s) \to$	$y(nT_s) = x_1(nT_s) + x_2(nT_s)$
乗算器	$x(nT_s) \to \boxed{a} \to y(nT_s)$	$y(nT_s) = a \cdot x(nT_s)$
遅延器	$x(nT_s) \to \boxed{T_s} \to y(nT_s)$	$y(nT_s) = x\{(n-1)T_s\}$

を**加算器**（adder）は出力する。加算器のシンボルと機能を**表 2.1** に示す。

(2) 乗　算　器　　入力信号 $x(nT_s)$ と乗算係数 a の積

$$y(nT_s) = a \cdot x(nT_s) \tag{2.2}$$

を**乗算器**（multiplier）は出力する。シンボルと機能を表にまとめる。

(3) 遅延器（メモリ）

$$y(nT_s) = x\{(n-1)T_s\} \tag{2.3}$$

のように T_s 秒前に入力された信号を**遅延器**（delay element）は出力する。シンボルと機能を表にまとめる[†]。

[†] シンボル上の遅延時間を示す記号として，T_s の代わりに z^{-1} がしばしば使用される。記号 z^{-1} の意味については，3 章で述べることにする。

2.1.2 差分方程式による入出力信号の関係

ディジタルフィルタの一例を図 **2.1** に示す．図に示した構成は，後に説明する IIR フィルタと呼ばれ，加算器，乗算器，遅延器 (メモリ) を複数個組み合わせて構成される．図中に示した記号 $x(nT_s)$, $v(nT_s)$, $y(nT_s)$ は，時刻 nT_s における入力信号，遅延器の入出力信号，出力信号をそれぞれ表す．これらの信号を用いると，ディジタルフィルタの入力信号と出力信号の関係は

$$\left.\begin{aligned} v(nT_s) &= x(nT_s) + \sum_{k=1}^{M} b_k \cdot v\{(n-k)T_s\} \\ y(nT_s) &= \sum_{k=0}^{M} a_k \cdot v\{(n-k)T_s\} \end{aligned}\right\} \tag{2.4}$$

となる．a_k と b_k は乗算係数である．これらの数式を**差分方程式**（difference equation）という．出力信号 $y(nT_s)$ を求めるためには，遅延器への入力信号 $v(nT_s)$ の値が必要となるので，計算順序として，$v(nT_s)$ を先に計算しなければならない．

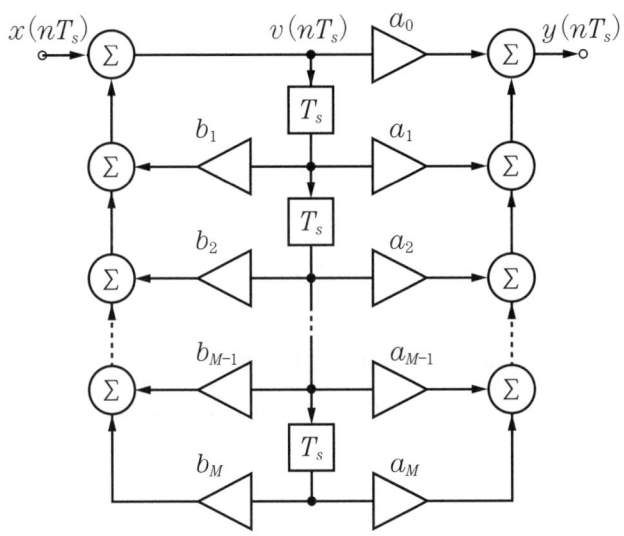

図 **2.1** ディジタルフィルタの標準形

2.2 ディジタルフィルタのインパルス応答

ここでは，IIR フィルタと FIR フィルタのインパルス応答を求めることにより，その名の由来について述べる。さらに，IIR フィルタの安定性とインパルス応答の関係について論じる。まず，ディジタルフィルタのインパルス応答を差分方程式を用いて求めてみよう。**インパルス応答**（impulse response）を求めるために，図 2.2 に示す**単位インパルス関数**（unit impulse function）

$$\delta(nT_s) = \begin{cases} 1 & (n = 0) \\ 0 & (n \neq 0) \end{cases} \tag{2.5}$$

をディジタルフィルタの入力信号として使用する。

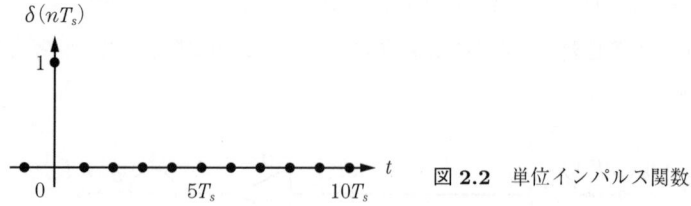

図 2.2 単位インパルス関数

さて，信号が入力されてから初めて出力信号が得られるような性質，すなわち，結果が原因に先行しないことを**因果性**（causality）と呼んでいる。物理的に実現可能なすべてのディジタルフィルタは因果性を満たしている。ここで扱うディジタルフィルタはすべて因果的である。

2.2.1 C 言語によるインパルス応答の計算

C 言語を使用してディジタルフィルタのインパルス応答を求めるために，乗算係数と遅延器の数をそれぞれ

$$\left. \begin{array}{l} a_0 = 0.049\,283, \quad a_1 = 0.098\,566, \quad a_2 = 0.049\,283 \\ b_1 = 1.281\,3, \quad\quad b_2 = -0.478\,44, \quad M = 2 \end{array} \right\} \tag{2.6}$$

に設定して図 2.3 のようにディジタルフィルタを構成する。

2.2 ディジタルフィルタのインパルス応答

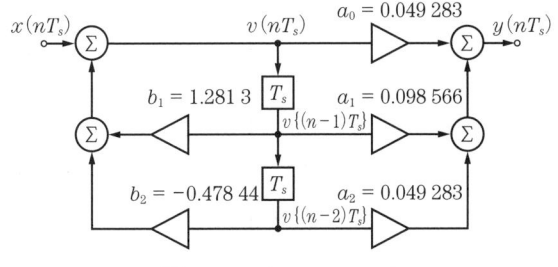

図 2.3 2次 IIR フィルタ

これらの乗算係数と遅延器数を用いると，差分方程式は

$$\left.\begin{aligned}v(nT_s) &= x(nT_s) + 1.281\,3v\{(n-1)T_s\} \\ &\quad -0.478\,44v\{(n-2)T_s\} \\ y(nT_s) &= 0.049\,283v(nT_s) + 0.098\,566v\{(n-1)T_s\} \\ &\quad +0.049\,283v\{(n-2)T_s\}\end{aligned}\right\} \quad (2.7)$$

となる。遅延器の初期値は

$$v(nT_s) = 0 \quad (n<0) \tag{2.8}$$

とする。式 (2.7) の差分方程式とパソコンを用いて図 2.3 のディジタルフィルタのインパルス応答を求めよう。ディジタルフィルタを実行するためのフローチャートを図 2.4 に示す。

フローチャートに基づき作成したプログラムを図 2.5 と図 2.6 に示す。また，図 2.7 には public 部に追加した関数を示す。つぎに，フローチャートとプログラムを順番に説明する。

2iirView.cpp

① 遅延器の数を設定する。
```
#define M 2
```

② プログラム 2iirView.cpp では，関数 Wave(CDC* pDC) を使用する。
```
void Wave(CDC* pDC);
```

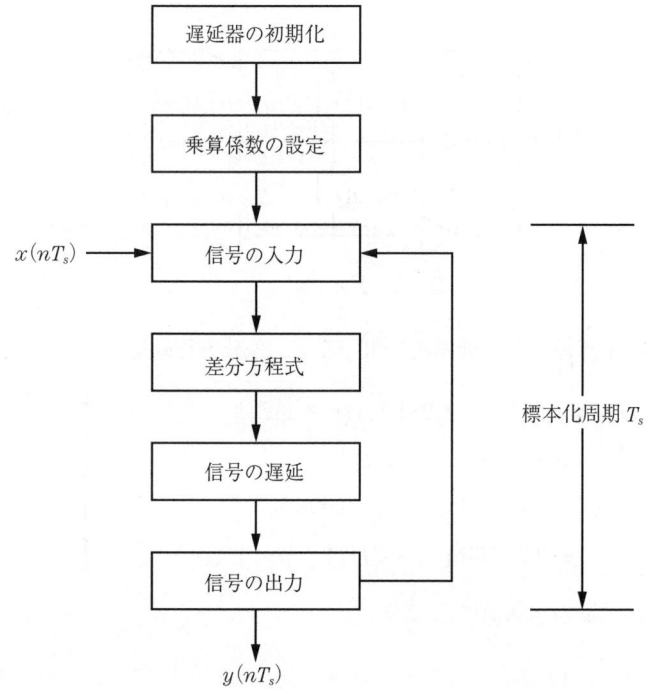

図 2.4 ディジタルフィルタを実行するための
フローチャート

③ Wave(CDC* pDC)では，単位インパルス関数，差分方程式，データの遅延，入出力信号の表示，つぎのデータの受け取りを繰り返し実行する。つぎに，関数 Wave(CDC* pDC)の内容を実行順に説明しよう。

④ 遅延器を初期化する。
```
for (int k=0; k<=M; k++)
    v[k]=0.0;
```

⑤ 乗算器に係数を設定する（式 (2.6)）。
```
a[0]=0.049283;
a[1]=0.098566;
a[2]=0.049283;
b[1]=1.2813;
b[2]=-0.47844;
```

————— プログラム 2-1 (2iirView.cpp) —————
```
1   // 略
2   /////////////////////////////////////////////////
3   // CMy2iirView クラスの描画
4
5   #include <math.h> // ANSI C 標準ライブラリ関数の指定
6   #define M 2 // 遅延器の数の設定
7
8   void CMy2iirView::OnDraw(CDC* pDC){
9     CMy2iirDoc* pDoc = GetDocument();
10    ASSERT_VALID(pDoc);
11    Wave( pDC );
12  }
13
14  void CMy2iirView::SignalMag1(CDC* pDC,int x,double y){
15    pDC->MoveTo(6*(x+1),100);
16    pDC->LineTo(6*(x+1),-50*y+100);
17  }
18
19  void CMy2iirView::SignalMag2(CDC* pDC,int x,double y){
20    pDC->MoveTo(6*(x+1),300);
21    pDC->LineTo(6*(x+1),-50*y+300);
22  }
23
24  void CMy2iirView::Wave(CDC* pDC ){
25    double x,y,v[M+1],a[M+1],b[M+1];
26
27    for (int k=0; k<=M; k++) // 遅延器の初期化
28      v[k]=0.0;
29
30    a[0]=0.049283; // 乗算器への係数設定
31    a[1]=0.098566;
32    a[2]=0.049283;
33    b[1]=1.2813;
34    b[2]=-0.47844;
35
36    for (int i=0; i<=100; i++){
37      if ( i==0 ) // 単位インパルス関数
38        x=1.0;
39      else
40        x=0.0;
```

図 2.5 ディジタルフィルタのインパルス応答を求める
プログラム

```
────────────── プログラム 2-2 (2iirView.cpp) ──────────────
41      v[0]=x;  // 差分方程式
42      for (int k=1; k<=M; k++)
43        v[0]+=b[k]*v[k];
44      y=0.0;
45      for (int k=0; k<=M; k++)
46        y+=a[k]*v[k];
47      for (int k=M; k>=1; k--)   // 遅延
48        v[k]=v[k-1];
49      SignalMag1(pDC, i, x);  // 入力信号の振幅表示
50      SignalMag2(pDC, i, 10.0*y);  // 出力信号の振幅表示
51    }
52  }
53  // 略
```

図 2.6 ディジタルフィルタのインパルス応答を求める
プログラム (つづき)

⑥ 入力信号 (単位インパルス関数) を受け取る (式 (2.5))。
```
if ( i==0 )
  x=1.0;
else
  x=0.0;
```

⑦ 差分方程式を実行する (式 (2.7))。
```
v[0]=x;
for (int k=1; k<=M; k++)
  v[0]+=b[k]*v[k];
y=0.0;
for (int k=0; k<=M; k++)
  y+=a[k]*v[k];
```

⑧ 遅延器 (メモリ) のデータをシフトする ($v[k] \leftarrow v[k-1]$)。
```
for (int k=M; k>=1; k--)
  v[k]=v[k-1];
```

⑨ 入出力信号を画面に出力する (x と y の表示)。出力信号の波形を確認するため，出力信号については振幅を 10 倍して表示している。
```
SignalMag1(pDC, i, x);
SignalMag2(pDC, i, 10.0*y);
```

2.2 ディジタルフィルタのインパルス応答

―――――― プログラム 2-3 (2iirView.h) ――――――
```
 1  // 2iirView.h : CMy2iirView クラスの宣言およびインターフ
 2  //
 3  /////////////////////////////////////////////////////
 4
 5  class CMy2iirView : public CView{
 6  protected: // シリアライズ機能のみから作成します。
 7      CMy2iirView();
 8      DECLARE_DYNCREATE(CMy2iirView)
 9
10  // アトリビュート
11  public:
12      CMy2iirDoc* GetDocument();
13
14  // オペレーション
15  public:
16      void Wave( CDC* );
17      void SignalMag1(CDC*, int, double);
18      void SignalMag2(CDC*, int, double);
19
20  // オーバーライド
21      // ClassWizard は仮想関数を生成しオーバーライドします。
22      //{{AFX_VIRTUAL(CMy2iirView)
23      public:
24      virtual void OnDraw(CDC* pDC);  // このビューを描画する
25      virtual BOOL PreCreateWindow(CREATESTRUCT& cs);
26      protected:
27      //}}AFX_VIRTUAL
28  // 略
```

図 2.7 関数の追加

　フローチャートに示したように，実際のディジタルフィルタでは実時間処理が要求されるので，標本化周期内に信号の入力，差分方程式の計算，データの遅延，計算結果の出力を終了させなければならない．図 2.5 と図 2.6 に示したプログラムの実行結果を図 2.8 に示す．上側の波形は単位インパルス関数，下側の波形はインパルス応答である．また，波形の縦軸は振幅を，横軸は時間をそれぞれ示す．横軸の間隔は標本化周期である．インパルス応答が長期間続くことがわかる．この種のディジタルフィルタは巡回形フィルタと呼ばれる．

図 2.8　インパルス応答

2.2.2　巡回形フィルタのインパルス応答

巡回形フィルタの動作について理解を容易にするために，図 2.1 のディジタルフィルタの乗算係数と遅延器の数をそれぞれ

$$a_0 = a, \quad a_1 = 0, \quad b_1 = b, \quad M = 1 \tag{2.9}$$

とする．式 (2.9) の乗算係数と遅延器数の場合，図 2.1 のディジタルフィルタは図 2.9 に示すように簡単な構成となる．差分方程式は

$$v(nT_s) = x(nT_s) + b \cdot v\{(n-1)T_s\}, \quad y(nT_s) = a \cdot v(nT_s) \tag{2.10}$$

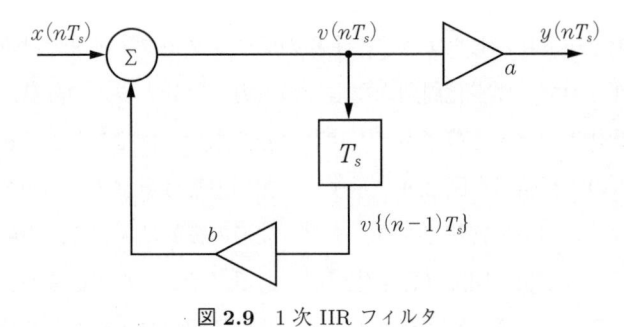

である．

図 2.9　1 次 IIR フィルタ

単位インパルス関数を入力すると，表 2.2 から明らかなように，図 2.9 のディジタルフィルタのインパルス応答は

$$h(nT_s) = a \cdot b^n \tag{2.11}$$

となる[†]。このように，図 2.9 のフィルタに単位インパルス関数を入力すると，インパルス応答は無限に続く。このようなディジタルフィルタは，**巡回形フィルタ**（infinite impulse response filter）または IIR フィルタと呼ばれている。特に，図 2.9 のように遅延器 T_s が 1 個含まれる IIR フィルタを 1 次 IIR フィルタと呼ぶ。

表 2.2　1 次 IIR フィルタのインパルス応答

時刻 nT_s	入力信号 $x(nT_s)$	遅延器の出力 $v\{(n-1)T_s\}$	遅延器への入力 $x(nT_s)$	出力信号 $y(nT_s)$
0	1	0	1	a
T_s	0	1	b	ab
$2T_s$	0	b	b^2	ab^2
$3T_s$	0	b^2	b^3	ab^3
⋮	⋮	⋮	⋮	⋮
$(n-1)T_s$	0	b^{n-2}	b^{n-1}	ab^{n-1}
nT_s	0	b^{n-1}	b^n	ab^n
⋮	⋮	⋮	⋮	⋮

図 2.5 と図 2.6 に示したプログラムに変更を加えて，1 次 IIR フィルタのインパルス応答をパソコンを用いて求めてみよう。以下にプログラムの変更箇所を示す。

iirexc.exe

① 遅延器の個数を設定する行を
```
#define M 2
```

[†] 一般に，インパルス応答を示すには，記号 h が用いられる。

から

```
#define M 1
```

に変更する。

② プログラム 2iirView.cpp の関数 Wave(CDC* pDC) において，乗算係数を設定する行を

```
a[0]=0.049283;
a[1]=0.098566;
a[2]=0.049283;
b[1]=1.2813;
b[2]=-0.47844;
```

から

```
b[1]=0.9;
a[0]=0.1;
a[1]=0.0;
```

に変更する。

①,②の変更を加えたプログラムの実行結果を図 **2.10** に示す。実行結果は式 (2.11) と一致する。

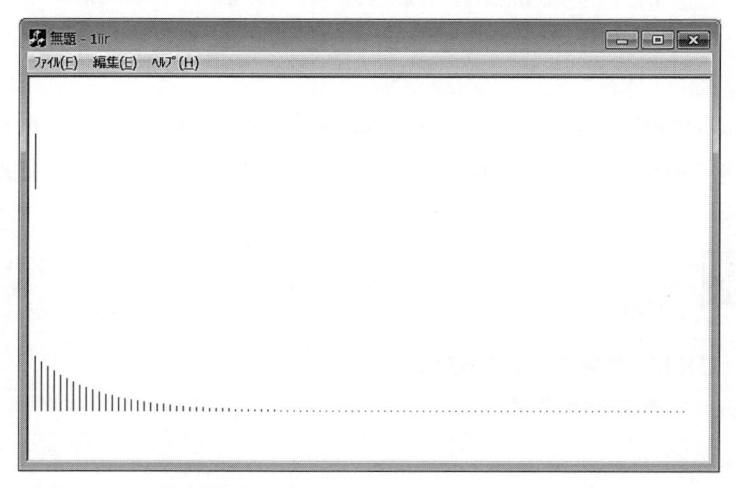

図 **2.10** 1次 IIR フィルタのインパルス応答

2.2.3 非巡回形フィルタのインパルス応答

非巡回形フィルタの動作について理解を容易にするために，図 2.1 のディジタルフィルタの乗算係数と遅延器の数をそれぞれ

$$b_1 = 0, \quad M = 1 \tag{2.12}$$

とする。式 (2.12) の乗算係数と遅延器数の場合，図 2.1 のディジタルフィルタは図 **2.11** に示すように簡単な構成となる。$b_1 = 0$ であるので，遅延器に記憶された信号と入力信号の関係は

$$v(nT_s) = x(nT_s), \quad v\{(n-1)T_s\} = x\{(n-1)T_s\} \tag{2.13}$$

となる。この関係を用いると，差分方程式は

$$y(nT_s) = a_0 \cdot x(nT_s) + a_1 \cdot x\{(n-1)T_s\} \tag{2.14}$$

で与えられる。

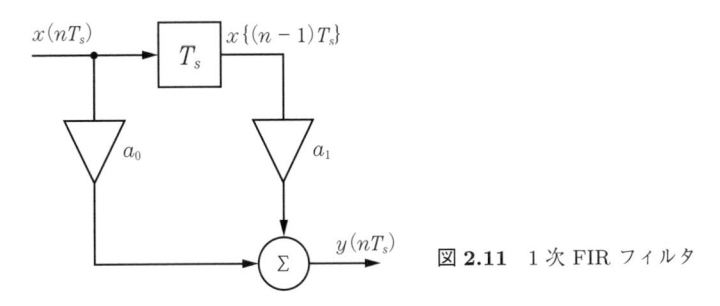

図 **2.11** 1 次 FIR フィルタ

単位インパルス関数を入力すると，**表 2.3** から明らかなように，インパルス応答は

$$h(nT_s) = \begin{cases} a_0 & (n=0) \\ a_1 & (n=1) \\ 0 & (n \geq 2) \end{cases} \tag{2.15}$$

となる。このように，図 2.11 のフィルタに単位インパルス関数を入力すると，インパルス応答は $2T_s$ 秒の期間続く。このようなインパルス応答長が有限な

2. ディジタルフィルタの基礎

表 2.3 1次 FIR フィルタのインパルス応答

時刻 nT_s	入力信号 $x(nT_s)$	遅延器の出力 $x\{(n-1)T_s\}$	出力信号 $y(nT_s)$
0	1	0	a_0
T_s	0	1	a_1
$2T_s$	0	0	0
$3T_s$	0	0	0
⋮	⋮	⋮	⋮

ディジタルフィルタは，**非巡回形フィルタ**（finite impulse response filter）または FIR フィルタと呼ばれている。IIR フィルタの場合と同様に，図 2.11 に示すように，遅延器 T_s が1個含まれる FIR フィルタを1次 FIR フィルタと呼ぶ。

図 2.5 と図 2.6 に示したプログラムに変更を加えて，1次 FIR フィルタのインパルス応答をパソコンを用いて求めてみよう。以下に，プログラムの変更箇所を示す。

iirexc.exe

① 遅延器の個数を表す行を
```
#define M 2
```
から
```
#define M 1
```
に変更する。

② つぎに，関数 Wave(CDC* pDC) を ② ～ ⑧ のように変更する。

配列宣言を
```
double x,y,v[M+1],a[M+1],b[M+1];
```
から
```
double x[M+1],y,a[M+1];
```
に変更する。

③ 遅延器を初期化する行を

```
for (int k=0; k<=M; k++)
  v[k]=0.0;
```

から

```
for (int k=0; k<=M; k++)
  x[k]=0.0;
```

に変更する。

④ 乗算係数を設定する行を

```
a[0]=0.049283;
a[1]=0.098566;
a[2]=0.049283;
b[1]=1.2813;
b[2]=-0.47844;
```

から

```
a[0]=0.5;
a[1]=0.5;
```

に変更する。

⑤ 単位インパルス関数を

```
if ( i==0 )
  x=1.0;
else
  x=0.0;
```

から

```
if ( i==0 )
  x[0]=1.0;
else
  x[0]=0.0;
```

に変更する。

⑥ 差分方程式を実行する行を

```
v[0]=x;
for (int k=1; k<=M; k++)
  v[0]+=b[k]*v[k];
y=0.0;
for (int k=0; k<=M; k++)
  y+=a[k]*v[k];
```

から
```
    y=0.0;
    for (int k=0; k<=M; k++)
      y+=a[k]*x[k];
```
に変更する。

⑦ 遅延を実行する行を
```
    for (int k=M; k>=1; k--)
      v[k]=v[k-1];
```
から
```
    for (int k=M; k>=1; k--)
      x[k]=x[k-1];
```
に変更する。

⑧ 入出力信号を表示する行を
```
    SignalMag1(pDC, i, x);
    SignalMag2(pDC, i, 10.0*y);
```
から
```
    SignalMag1(pDC, i, x[0]);
    SignalMag1(pDC, i, y);
```
に変更する。

①～⑧の変更を加えたプログラムの実行結果を図 **2.12** に示す。実行結果は式 (2.15) と一致する。

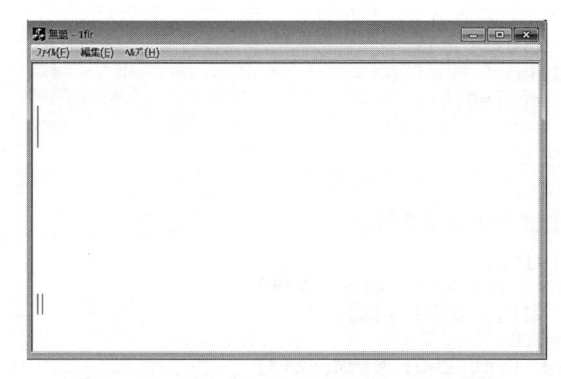

図 **2.12** 1次 FIR フィルタのインパルス応答

2.2.4 IIR フィルタの安定性とインパルス応答

図 2.9 の 1 次 IIR フィルタのインパルス応答は，式 (2.11) より

$$h(nT_s) = a \cdot b^n \tag{2.16}$$

であった。$|b| < 1$ のとき，このインパルス応答は時間の経過とともに指数関数的に減少する。特に，十分に時間が経過すると，インパルス応答は

$$\lim_{n \to \infty} h(nT_s) = 0 \tag{2.17}$$

となる。インパルス応答が 0 に収束するようなディジタルフィルタを安定なディジタルフィルタと呼ぶ。一方，式 (2.11) の b を $|b| \geqq 1$ の値に置き換えてみると，インパルス応答は 0 に収束することなく 1 に収束，あるいは発振・発散することが容易に想像できる。1 次 IIR フィルタのインパルス応答を求めるプログラムを以下のように変更する。

① 乗算係数を設定する行を
```
b[1]=0.9;
a[0]=0.1;
a[1]=0.0;
```
から
```
b[1]=1.03;
a[0]=0.1;
a[1]=0.0;
```
に変更する。

② 出力信号を表示する行を
```
SignalMag2(pDC, i, 10.0*y);
```
から
```
SignalMag2(pDC, i, y);
```
に変更する。

変更を加えたプログラムの実行結果を図 **2.13** に示す。インパルス応答は時間の経過とともに指数関数的に急激に増加した後，表示範囲を超えてしまう。

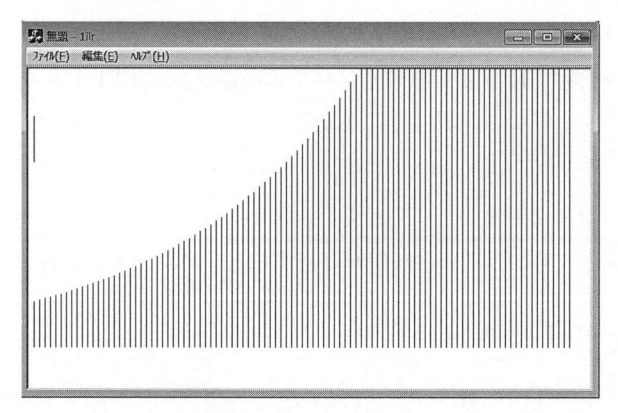

図 2.13 不安定な 1 次 IIR フィルタのインパルス応答

さらに，十分に時間が経過すると，計算の途中でオーバーフローが生じて，パソコンでの実行は不可能になる。この結果から，安定なディジタルフィルタを実現するためには，インパルス応答が発振・発散することなく 0 に収束するようにディジタルフィルタの乗算係数を決定しなければならないことがわかる。

2.3 ディジタルフィルタのステップ応答

図 2.14 に示す**単位ステップ関数**（unit step function）

$$u(nT_s) = \begin{cases} 1 & (n \geq 0) \\ 0 & (n < 0) \end{cases} \tag{2.18}$$

を図 2.9 の 1 次 IIR フィルタの入力信号として採用し，その出力信号である**ステップ応答**（step response）をパソコンを用いて求めてみよう。乗算係数を $a = 0.1, b = 0.9$ に設定して 1 次 IIR フィルタのインパルス応答を求めるプロ

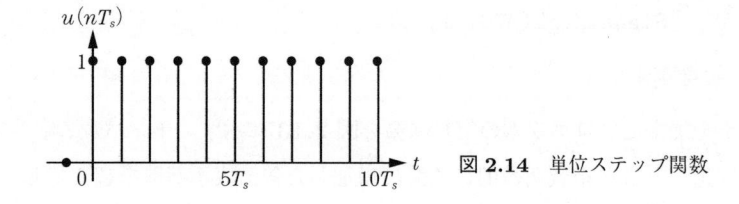

図 2.14 単位ステップ関数

グラムを以下のように変更する。

```
iirexc.exe
```

① 入力信号であった単位インパルス関数
```
if ( i==0 )
    x=1.0;
else
    x=0.0;
```
を単位ステップ関数
```
x=1.0;
```
に変更する。

② 出力信号の表示倍率を10倍
```
SignalMag2(pDC, i, 10.0*y);
```
から1倍
```
SignalMag2(pDC, i, y);
```
に変更する。

1次IIRフィルタのステップ応答を図 **2.15** に示す。上側に入力信号波形を，下側に出力信号波形をそれぞれ示す。また，縦軸は振幅を，横軸は時間をそれぞれ示す。図のステップ応答より，単位ステップ関数を入力した後，過渡応答が終了すると，単位ステップ関数は減衰することなく出力されることがわかる。

ここで，1次IIRフィルタのステップ応答を理論的に求めてみよう。単位ステップ関数を図2.9の1次IIRフィルタに入力すると，**表 2.4** から明らかなように，遅延器への入力信号 $v(nT_s)$ は初項1，公比 b の等比数列

$$v(nT_s) = 1 + b + b^2 + \cdots + b^n$$
$$= \frac{1 - b^{n+1}}{1 - b} \tag{2.19}$$

となるので，式 (2.10) を用いると，ステップ応答を

$$y(nT_s) = a \frac{1 - b^{n+1}}{1 - b} \tag{2.20}$$

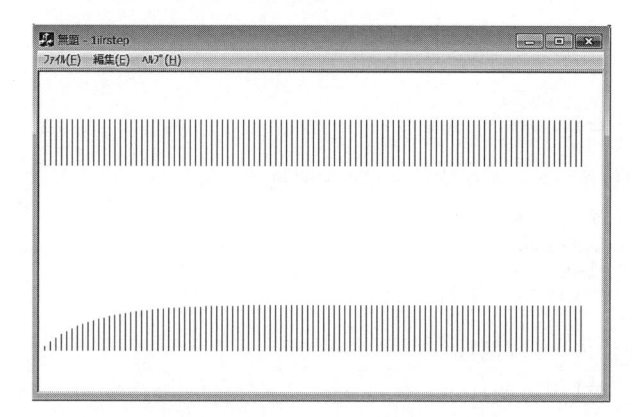

図 2.15 1次 IIR フィルタのステップ応答

表 2.4 1次 IIR フィルタのステップ応答

時刻 nT_s	入力信号 $x(nT_s)$	遅延器の出力 $v\{(n-1)T_s\}$	遅延器への入力 $x(nT_s)$	出力信号 $y(nT_s)$
0	1	0	1	a
T_s	1	1	$1+b$	$a(1+b)$
$2T_s$	1	$1+b$	$1+b+b^2$	$a(1+b+b^2)$
$3T_s$	1	$1+b+b^2$	$1+b+b^2+b^3$	$a(1+b+b^2+b^3)$
⋮	⋮	⋮	⋮	⋮
nT_s	1	$1+b+\cdots+b^{n-1}$	$1+b+\cdots+b^n$	$a(1+b+\cdots+b^n)$
⋮	⋮	⋮	⋮	⋮

のように求めることができる。乗算係数を $|b|<1$ に設定すると，十分に時間が経過して**過渡応答**（transient response）が終了すると

$$\lim_{n\to\infty} b^{n+1} = 0 \tag{2.21}$$

となるので，**定常応答**（steady-state response）は

$$\lim_{n\to\infty} y(nT_s) = \frac{a}{1-b} \tag{2.22}$$

となり，大きさ $a/(1-b)$ の直流を出力する。このように，定常応答での出力波形の理論的な振幅は $a/(1-b)$ である。図 2.15 より，乗算係数が $a=0.1, b=0.9$ であるとき，約 30 標本化周期が経過すると，ステップ応答の振幅は 1 となるので，理論的な振幅と一致することが確認できる。

2.4 たたみ込み演算

ディジタルフィルタの入力信号を $x(nT_s)$ として,時刻 nT_s における出力信号 $y(nT_s)$ を

$$y(nT_s) = L\left[x(nT_s)\right] \tag{2.23}$$

と表記する。$L[\cdot]$ は $x(nT_s)$ から $y(nT_s)$ への線形変換を表す演算子である。$L[\cdot]$ を用いると,インパルス応答 $h(nT_s)$ は

$$h(nT_s) = L[\delta(nT_s)] \tag{2.24}$$

と表現することができる。特性が時間に無関係で不変なディジタルフィルタに mT_s 秒遅れた単位インパルス関数を入力すると,インパルス応答は明らかに

$$h\{(n-m)T_s\} = L\left[\delta\{(n-m)T_s\}\right] \tag{2.25}$$

のように mT_s 秒遅れて出力される。$L[\cdot]$ の線形性

$$L[ax(nT_s)] = aL[x(nT_s)] \tag{2.26}$$

を利用すると,$h\{(n-m)T_s\}$ と $x(mT_s)$ の乗算は

$$\begin{aligned}h\{(n-m)T_s\}x(mT_s) &= L[\delta\{(n-m)T_s\}]x(mT_s)\\ &= L[\delta\{(n-m)T_s\}x(mT_s)]\end{aligned} \tag{2.27}$$

となる。ただし,a は定数である。式 (2.27) と重ね合わせの理を用いると,ディジタルフィルタの出力信号 $y(nT_s)$ は,**たたみ込み演算** (convolution)

$$\begin{aligned}y(nT_s) = L[x(nT_s)] &= L\left[\sum_{m=0}^{n}\delta\{(n-m)T_s\}x(mT_s)\right]\\ &= \sum_{m=0}^{n} L[\delta\{(n-m)T_s\}x(mT_s)]\\ &= \sum_{m=0}^{n} h\{(n-m)T_s\}x(mT_s)\end{aligned} \tag{2.28}$$

によって計算することができる。また，$k = n - m$ とすると，式 (2.28) のたたみ込み演算は

$$y(nT_s) = \sum_{k=0}^{n} x\{(n-k)T_s\}h(kT_s) \tag{2.29}$$

と表現することもできる。つぎに，因果的な正弦波を図 2.9 と図 2.11 のディジタルフィルタの入力信号として採用し，それらの出力信号をたたみ込み演算を用いて求めてみよう。

図 2.9 の 1 次 IIR フィルタのインパルス応答は，式 (2.11) に示したように

$$h(nT_s) = a \cdot b^n \tag{2.30}$$

であった。式 (2.30) を式 (2.29) に代入すると，1 次 IIR フィルタの出力信号を

$$y(nT_s) = a \sum_{k=0}^{n} x\{(n-k)T_s\}b^k \tag{2.31}$$

によって求めることができる。**図 2.16** に示す因果的な**正弦波**（sinusoidal signal）

$$x(nT_s) = \sin(\omega nT_s) \quad (n \geqq 0) \tag{2.32}$$

を 1 次 IIR フィルタに入力すると，出力信号は

$$y(nT_s) = a \sum_{k=0}^{n} \sin\{\omega(n-k)T_s\}b^k \tag{2.33}$$

となる。三角関数の合成 † と

$$\sin\{\omega(n-k)T_s\} = \frac{e^{j\omega(n-k)T_s} - e^{-j\omega(n-k)T_s}}{j2} \tag{2.34}$$

を用いると

---

†
$$\alpha \sin\theta + \beta \cos\theta = \sqrt{\alpha^2 + \beta^2} \sin\left(\theta + \tan^{-1}\frac{\beta}{\alpha}\right)$$

ただし，α, β を定数とする。

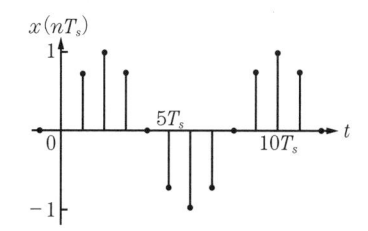

図 2.16 因果的な正弦波

$$y(nT_s)=a\sum_{k=0}^{n} b^k \frac{e^{j\omega(n-k)T_s} - e^{-j\omega(n-k)T_s}}{j2}$$

$$=\frac{a}{j2}\left\{e^{j\omega nT_s}\sum_{k=0}^{n}\left(be^{-j\omega T_s}\right)^k - e^{-j\omega nT_s}\sum_{k=0}^{n}\left(be^{j\omega T_s}\right)^k\right\}$$

$$=\frac{a}{1+b^2-2b\cos(\omega T_s)}[\sin(\omega nT_s)-b\sin\{\omega(n+1)T_s\}$$
$$+b^{n+1}\sin(\omega T_s)] \tag{2.35}$$

のように式 (2.33) を計算することができる.

他方,図 2.11 の 1 次 FIR フィルタのインパルス応答は,式 (2.15) に示したように

$$h(nT_s) = \begin{cases} a_0 & (n=0) \\ a_1 & (n=1) \\ 0 & (n \geq 2) \end{cases} \tag{2.36}$$

であった.因果性とインパルス応答長を考慮して式 (2.36) を式 (2.29) に代入すると,1 次 FIR フィルタの出力信号は

$$y(nT_s) = \begin{cases} a_0 x(0) & (n=0) \\ a_0(nT_s)+a_1 x\{(n-1)T_s\} & (n \geq 1) \end{cases} \tag{2.37}$$

によって求めることができる.因果的な正弦波を 1 次 FIR フィルタに入力すると,出力信号は

$$y(nT_s) = \begin{cases} 0 & (n=0) \\ a_0 \sin(\omega T_s) & (n=1) \\ a_0 \sin(\omega nT_s) + a_1 \sin\{\omega(n-1)T_s\} & (n \geq 2) \end{cases} \tag{2.38}$$

となる。$n \geq 2$ における出力信号は

$$\begin{aligned}
y(nT_s) &= a_0 \sin(\omega n T_s) + a_1 \sin\{\omega(n-1)T_s\} \\
&= \{a_0 + a_1 \cos(\omega T_s)\} \sin(\omega n T_s) - a_1 \sin(\omega T_s) \cos(\omega n T_s) \\
&= \sqrt{a_0^2 + 2a_0 a_1 \cos(\omega T_s) + a_1^2} \sin\left\{\omega n T_s \right. \\
&\quad \left. - \tan^{-1} \frac{a_1 \sin(\omega T_s)}{a_0 + a_1 \cos(\omega T_s)}\right\}
\end{aligned} \quad (2.39)$$

のように表現することもできる[†]。

つぎに，図 2.9 の 1 次 IIR フィルタに因果的な正弦波を入力する。パソコンを用いて過渡応答と定常応答を求めてみよう。1 次 IIR フィルタのインパルス応答を求めるプログラムの関数 Wave(CDC* pDC) をつぎのように変更する。

iirexc.exe

① 正弦波を扱うために，実数変数宣言
```
double pi,frequency = 2000.0, ts = 1.0/30000.0;
```
を既存の配列宣言
```
double x,y,v[M+1],a[M+1],b[M+1];
```
の後に付け加える。正弦波の周波数と標本化周波数はそれぞれ 2 000 Hz と 30 kHz に設定している。

② 円周率を設定するために
```
pi=acos(-1.0);
```
を"遅延器の初期化"を実行する行
```
for (int k=0; k<=M; k++)
    v[k]=0.0;
```
の前に付け加える。

[†] 三角関数の"積を和・差になおす公式"を用いると，出力信号を $y(nT_s) = \cos(\omega T_s/2) \sin(\omega n T_s - \omega T_s/2)$ と計算することもできる。表現方法は式 (2.39) と異なるが，この表現方法を用いても結果は同じである。

③ 入力信号を単位インパルス関数
```
if ( i==0 )
   x=1.0;
else
   x=0.0;
```

から正弦波
```
x=1.0*sin(2.0*pi*frequency*(double)i*ts);
```

に変更する。

④ 出力信号の表示倍率を 10 倍
```
SignalMag2(pDC, i, 10.0*y);
```

から 1 倍
```
SignalMag2(pDC, i, y);
```

に変更する。

標本化周波数として $f_s\,(=30\,\mathrm{kHz})$ を採用したので，標本化定理より，正弦波の周波数 f は

$$0 \leq f \leq f_n\,(=15\,\mathrm{kHz}) \tag{2.40}$$

の範囲から 500 Hz と 2 kHz を選択した。1 次 IIR フィルタの因果的な正弦波の応答を図 **2.17** に示す。上側に入力信号波形を，下側に出力信号波形をそれぞれ示す。また，それぞれの波形の縦軸は振幅を，横軸は時間をそれぞれ示している。因果的な正弦波を入力した後，約 20 標本化周期が経過し過渡応答が終了すると，正弦波が 500 Hz の場合 (図 (a)) には，出力信号の振幅は入力信号の振幅の約 0.72 倍，2 kHz の場合 (図 (b)) には，出力信号の振幅は入力信号の振幅の約 0.26 倍になる。このように，周波数が高くなると出力信号の振幅が小さくなることから，図 2.9 の 1 次 IIR フィルタは**低域通過フィルタ**（lowpass filter, LPF）であることがわかる。

ここで，1 次 IIR フィルタの因果的な正弦波の応答を理論値と比較してみよう。図 2.9 に示した IIR フィルタに因果的な正弦波を入力した場合，式 (2.35) に示したように，過渡応答は

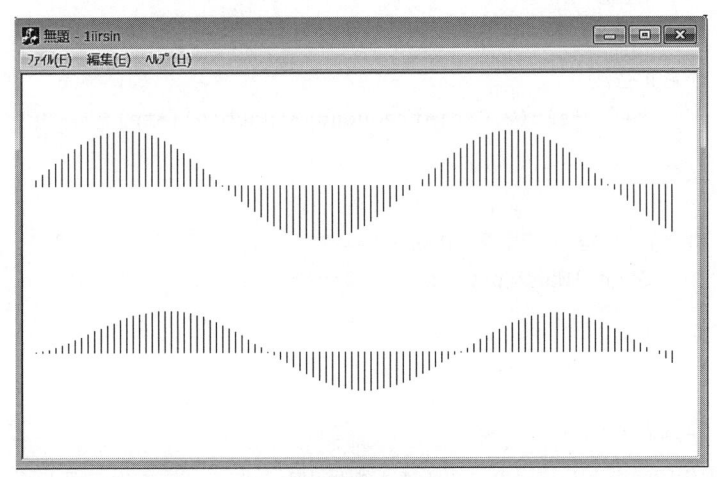

(a) 正弦波 500 Hz

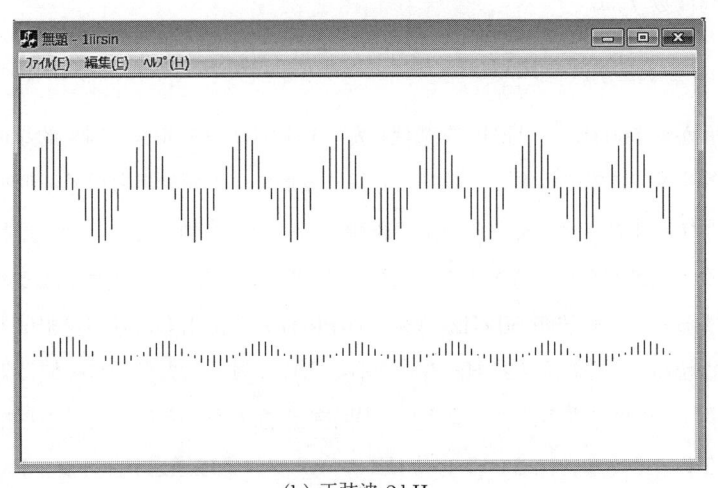

(b) 正弦波 2 kHz

図 **2.17** 1 次 IIR フィルタの入出力信号波形

$$y(nT_s) = \frac{a}{1+b^2-2b\cos(\omega T_s)}\{\sin(\omega nT_s) - b\sin\{\omega(n+1)T_s\}$$
$$+b^{n+1}\sin(\omega T_s)\} \tag{2.41}$$

であった。乗算係数を $|b| < 1$ に設定して十分に時間が経過すると、式 (2.41) の右辺第 3 項は $b^{n+1}\sin(\omega T_s) \to 0$ となるので、定常応答は

$$y(nT_s) = a\frac{\sin(\omega nT_s) - b\sin\{\omega(n+1)T_s\}}{1+b^2-2b\cos(\omega T_s)}$$
$$= \frac{a}{\sqrt{1+b^2-2b\cos(\omega T_s)}}\sin\left\{\omega nT_s - \tan^{-1}\frac{a\sin(\omega T_s)}{1-b\cos(\omega T_s)}\right\} \tag{2.42}$$

となる。定常応答より、振幅が

$$\frac{a}{\sqrt{1+b^2-2b\cos(\omega T_s)}} \tag{2.43}$$

倍、位相が

$$\tan^{-1}\frac{b\sin(\omega T_s)}{1-b\cos(\omega T_s)} \tag{2.44}$$

遅れた入力信号と同じ角周波数 ω の正弦波が出力されることがわかる。乗算係数を $a = 0.1, b = 0.9$ に設定するとき、500 Hz における振幅は、式 (2.43) に $\omega = 1\,000\pi\,[\text{rad/s}]$ を代入すると、出力信号の振幅は入力信号の振幅の 0.71 倍となる。また、2 kHz における振幅は、式 (2.43) に $\omega = 4\,000\pi\,[\text{rad/s}]$ を代入すると、出力信号の振幅は入力信号の 0.24 倍となる。これらの結果より、図 2.9 の 1 次 IIR フィルタは、低域通過フィルタであることが確認できる。図 2.11 の 1 次 FIR フィルタについても、同様な方法で低域通過フィルタであることを確認することができる。

章 末 問 題

【1】 図 2.18 のディジタルフィルタについて以下の問に答えよ。
 (1) 差分方程式を求めよ。
 (2) 図 2.18 のディジタルフィルタは、IIR, FIR フィルタのいずれか。また、次数を求めよ。

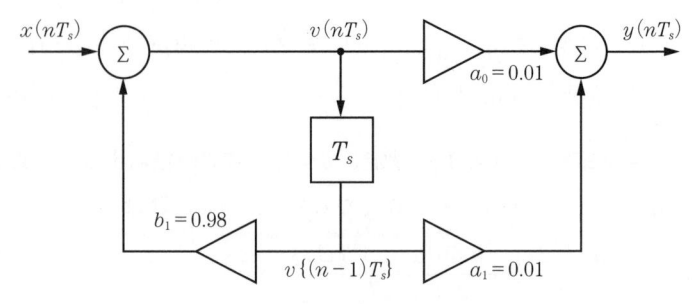

図 2.18 ディジタルフィルタ

(3) インパルス応答を理論的に求めよ．
(4) 図 2.5 と図 2.6 に示すプログラムに変更を加えて，パソコンを用いてインパルス応答を求めよ．
(5) 因果的な正弦波を入力信号として採用する．たたみ込み演算を用いて出力信号を理論的に求めよ．
(6) (5) の結果から定常応答を求めよ．
(7) 直流とナイキスト周波数 $f_n = 1/(2T_s)$ [Hz] における振幅を (6) の結果を用いてそれぞれ求めよ．
(8) ステップ応答を理論的に求めよ．
(9) (4) で求めたプログラムに変更を加えて，パソコンを用いてステップ応答を求めよ．
(10) 因果的な正弦波を入力信号として採用する．(9) で求めたプログラムに変更を加えて，パソコンを用いて過渡応答を求めよ．標本化周波数として $f_s = 30\,\text{kHz}$ を，正弦波の周波数として $500\,\text{Hz}$ と $2\,\text{kHz}$ をそれぞれ採用せよ．

3 ディジタルフィルタの特性

2章では,差分方程式をパソコン上で実行すれば,ディジタルフィルタが容易に実現できることを明らかにした。

ところで,パソコンでは,計算途中でオーバーフローが発生すると,計算が停止した後,引き続き計算を実行することは不可能になる。パソコン上に実現したディジタルフィルタにおいても,オーバーフローによる実行停止が起こる可能性がある。

3章では,オーバーフローを発生させないために,ディジタルフィルタの安定条件について説明する。前半では,安定条件を理解するうえで不可欠な基礎的な知識を修得しよう。安定条件について理解したうえで,後半では,プログラムを作成してディジタルフィルタの周波数特性をモニター上に描いてみよう。プログラムの作成過程で2章までの知識からは想像のできないディジタルフィルタの意外な特性を知ることになる。

3.1 パソコンによる振幅と位相の計算

2章では,ディジタルフィルタの入出力関係を表す差分方程式に実際に正弦波を入力して,どのような出力信号が得られるかをパソコンを用いて求めた。求めた出力信号の振幅と位相は,三角関数の公式とたたみ込み演算を使用して理論的に求めた結果と一致することが確認できた。出力される正弦波の周波数は入力信号と同じであるので,フィルタの特性を知るには,入力信号を実際にディジタルフィルタに加える必要はなく,振幅と位相を計算すれば十分である。

ここでは，図 2.9 に示した 1 次 IIR フィルタの出力信号の振幅

$$\frac{a}{\sqrt{1+b^2-2b\cos(\omega T_s)}} \tag{3.1}$$

と位相

$$\tan^{-1}\frac{b\sin(\omega T_s)}{1-b\cos(\omega T_s)} \tag{3.2}$$

を求めるプログラムを $a=0.1$, $b=0.9$ に設定して C 言語を用いて作成してみよう．図 3.1 に出力信号の振幅と位相を計算するプログラムを示す．つぎに，プログラムの内容を順番に説明する．

────── プログラム 3-1 (frequency.cpp) ──────

```
1  #include "stdafx.h"
2  #include <math.h> // ANSI C 標準ライブラリ関数の指定
3  #include <stdio.h> // ANSI C 標準ライブラリ関数の指定
4  #include <conio.h>
5
6  int _tmain(int argc, _TCHAR* argv[]){
7    double omega;
8    double numerator,denominator;
9    double amplitude,phase;
10   double pi=3.141592,frequency,ts;
11   double a=0.1,b=0.9;
12   printf(" Ts [second] = ");
13   scanf("%lf",&ts); // 標本化周期の入力
14   printf(" Frequency [Hz] = ");
15   scanf("%lf",&frequency); // 正弦波の周波数の入力
16   omega=2.0*pi*frequency; // 角周波数の計算
17   amplitude=a/sqrt(1+b*b-2.0*b*cos(omega*ts)); // 振幅の計算
18   numerator=b*sin(omega*ts); // 位相の分子の計算
19   denominator=1.0-b*cos(omega*ts); // 位相の分母の計算
20   phase=-atan(numerator/denominator); // 位相の計算
21   printf("%f [times] %f [rad]\n",amplitude,phase); // 振幅・位相の値
22   の表示
23   getch(); // プログラムの終了直前のポーズ機能
24   return 0;
25 }
```

図 3.1　1 次 IIR フィルタの振幅と位相を求めるプログラム

3.1 パソコンによる振幅と位相の計算

frequency.cpp

① 標本化周期を入力する。
```
printf(" Ts [second] = ");
scanf("%lf",&ts);
```

② 正弦波の周波数を入力する。
```
printf(" Frequency [Hz] = ");
scanf("%lf",&frequency);
```

③ 角周波数を計算する。
```
omega=2.0*pi*frequency;
```

④ 振幅 (式 (3.1)) を計算する。
```
amplitude=a/sqrt(1+b*b-2*b*cos(omega*ts));
```

⑤ 位相 (式 (3.2)) の分子を計算する。
```
numerator=b*sin(omega*ts);
```

⑥ 位相 (式 (3.2)) の分母を計算する。
```
denominator=1.0-b*cos(omega*ts);
```

⑦ 位相 (式 (3.2)) を計算する。
```
phase=-atan(numerator/denominator);
```

⑧ 振幅・位相の値を表示する。
```
printf("%f [times] %f [rad]\n",amplitude,phase);
```

プログラムの実行結果を図 **3.2** に示す。2 章と同様に，標本化周波数 $f_s = 30\,\text{kHz}$ と正弦波の周波数 $500\,\text{Hz}$ をそれぞれ入力する。実行結果は，十分時間が経過した後，出力信号の波形から求めた 2 章の結果と一致する。また，正弦波の周波数を $2\,\text{kHz}$ に変更した場合にも 2 章で求めた結果と一致する。

このように，標本化定理を満足する $0 \leq f \leq 15\,\text{kHz}$ の範囲から選択した周波数の正弦波を差分方程式に入力して，得られた出力信号波形から振幅と位相

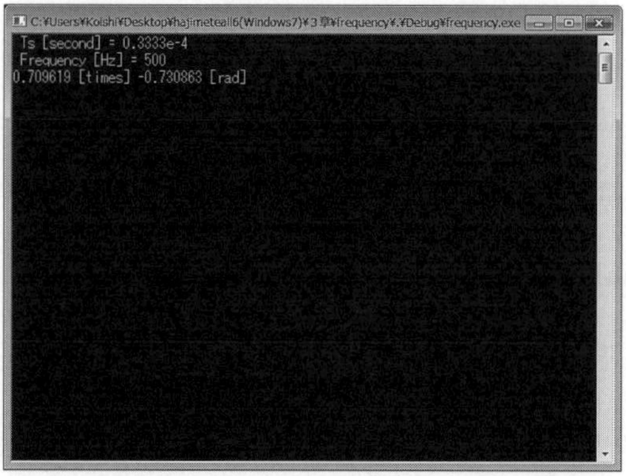

図 3.2 振幅と位相を求めるプログラムの実行結果

を求める必要はなく，事前に計算した振幅と位相からパソコンによって簡単に出力信号の振幅と位相が求められることを示した。

ところで，振幅と位相の事前の計算は，たたみ込み演算と複雑な三角関数の演算を必要とする。3章では，このような演算を用いることなく簡単に振幅と位相が求められることを示していく。

3.2 z 変 換

3.2.1 z 変 換 の 定 義

離散時間信号 $f(nT_s)$ の **z 変換**（z-transform）$F(z)$ を

$$F(z) = \sum_{n=0}^{\infty} f(nT_s) z^{-n} \tag{3.3}$$

と定義する。Re z と Im z が実数のとき，z は複素数として

$$z = \text{Re}\, z + j \,\text{Im}\, z \tag{3.4}$$

で表される。j は虚数単位である。z の位置は，Re z と jIm z をそれぞれ横軸と縦軸とした **z 平面**（z-plane）と呼ばれる複素平面上に示すことができる。式 (3.3) の無限等比級数が収束する z 領域を z 変換の**収束領域** (region of convergence) といい，このとき $F(z)$ が存在する．つぎに，簡単化のために，$\mathcal{Z}[\cdot]$ を用いて z 変換の操作を

$$F(z) = \mathcal{Z}[f(nT_s)] \tag{3.5}$$

と表記して，代表的な離散時間信号の z 変換を示すことにする．

（**1**）**単位インパルス関数の z 変換**　　単位インパルス関数

$$\delta(nT_s) = \begin{cases} 1 & (n = 0) \\ 0 & (n \neq 0) \end{cases} \tag{3.6}$$

の z 変換を求めてみよう．単位インパルス関数の z 変換では，$n=0$ の場合のみが加算の対象となるので，単位インパルス関数 $\delta(nT_s)$ の z 変換を $\Delta(z)$ と表記すると

$$\Delta(z) = \sum_{n=0}^{\infty} \delta(nT_s) z^{-n} = 1 \tag{3.7}$$

となる．収束領域は全領域である．

（**2**）**単位ステップ関数の z 変換**　　単位ステップ関数

$$u(nT_s) = \begin{cases} 1 & (n \geq 0) \\ 0 & (n < 0) \end{cases} \tag{3.8}$$

の z 変換を求めてみよう．単位ステップ関数 $u(nT_s)$ の z 変換を $U(z)$ と表記すると，式 (3.3) を用いて

$$\begin{aligned} U(z) &= \sum_{n=0}^{\infty} u(nT_s) z^{-n} = \sum_{n=0}^{\infty} z^{-n} = \lim_{N \to \infty} \sum_{n=0}^{N} z^{-n} \\ &= \lim_{N \to \infty} \frac{1 - (z^{-1})^{N+1}}{1 - z^{-1}} \end{aligned} \tag{3.9}$$

となる．

$$\lim_{N \to \infty} (z^{-1})^{N+1} = 0 \tag{3.10}$$

より収束領域は $|z^{-1}| < 1$ で，$U(z)$ は

$$U(z) = \frac{1}{1 - z^{-1}} \tag{3.11}$$

となる．

(3) 正弦波の z 変換　　因果的な正弦波

$$x(nT_s) = \sin(\omega nT_s) \quad (n \geq 0) \tag{3.12}$$

の z 変換を求めてみよう．因果的な正弦波 $x(nT_s)$ の z 変換を $X(z)$ と表記すると

$$\sin(\omega nT_s) = \frac{e^{j\omega nT_s} - e^{-j\omega nT_s}}{j2} \tag{3.13}$$

と式 (3.3) を用いて

$$\begin{aligned}
X(z) &= \sum_{n=0}^{\infty} x(nT_s)z^{-n} = \sum_{n=0}^{\infty} \left(\frac{e^{j\omega nT_s} - e^{-j\omega nT_s}}{j2} \right) z^{-n} \\
&= \lim_{N \to \infty} \frac{1}{j2} \sum_{n=0}^{N} \left\{ (e^{j\omega T_s} z^{-1})^n - (e^{-j\omega T_s} z^{-1})^n \right\} \\
&= \lim_{N \to \infty} \frac{1}{j2} \left\{ \frac{1-(e^{j\omega T_s}z^{-1})^{N+1}}{1-e^{j\omega T_s}z^{-1}} - \frac{1-(e^{-j\omega T_s}z^{-1})^{N+1}}{1-e^{-j\omega T_s}z^{-1}} \right\}
\end{aligned} \tag{3.14}$$

となる．$|e^{j\omega T_s}| = 1,\ |e^{-j\omega T_s}| = 1$ であるので

$$\lim_{N \to \infty} (e^{j\omega T_s} z^{-1})^{N+1} = 0, \quad \lim_{N \to \infty} (e^{-j\omega T_s} z^{-1})^{N+1} = 0 \tag{3.15}$$

表 3.1　代表的な離散時間信号の z 変換

$x(nT_s)$	$X(z)$	収束領域
$\delta(nT_s)$	$\Delta(z) = 1$	全領域
$u(nT_s)$	$U(z) = \dfrac{1}{1-z^{-1}}$	$|z^{-1}| < 1$
$\sin(\omega nT_s)$	$\dfrac{z^{-1}\sin\omega T_s}{1-2z^{-1}\cos\omega T_s + z^{-2}}$	$|z^{-1}| < 1$
$\cos(\omega nT_s)$	$\dfrac{1-z^{-1}\cos\omega T_s}{1-2z^{-1}\cos\omega T_s + z^{-2}}$	$|z^{-1}| < 1$
$a^n\ (n \geq 0)$	$\dfrac{1}{1-az^{-1}}$	$|az^{-1}| < 1$
$e^{-anT_s}\sin(\omega nT_s)$	$\dfrac{e^{-aT_s}z^{-1}\sin\omega T_s}{1-2e^{-aT_s}z^{-1}\cos\omega T_s + e^{-2aT_s}z^{-2}}$	$\left|e^{-aT_s}z^{-1}\right| < 1$
$e^{-anT_s}\cos(\omega nT_s)$	$\dfrac{1-e^{-aT_s}z^{-1}\cos\omega T_s}{1-2e^{-aT_s}z^{-1}\cos\omega T_s + e^{-2aT_s}z^{-2}}$	$\left|e^{-aT_s}z^{-1}\right| < 1$

より収束領域は $|z^{-1}| < 1$ で，$X(z)$ は

$$X(z) = \frac{1}{j2}\left(\frac{1}{1-e^{j\omega T_s}z^{-1}} - \frac{1}{1-e^{-j\omega T_s}z^{-1}}\right)$$
$$= \frac{z^{-1}\sin\omega T_s}{1-2z^{-1}\cos\omega T_s + z^{-2}} \tag{3.16}$$

となる。表 3.1 に代表的な離散時間信号の z 変換をまとめる。

3.2.2　z 変換の性質

z 変換は線形変換であるので，多くの性質が存在する。ここでは，よく用いられる重要な性質について説明する。性質について説明するために，$X(z) = \mathcal{Z}[x(nT_s)]$, $Y(z) = \mathcal{Z}[y(nT_s)]$ を使用する。

（1）線　形　性　　a と b を定数とすると，**線形性** (linearity)

$$\mathcal{Z}[a \cdot x(nT_s) + b \cdot y(nT_s)] = a \cdot \mathcal{Z}[x(nT_s)] + b \cdot \mathcal{Z}[y(nT_s)]$$
$$= a \cdot X(z) + b \cdot Y(z) \tag{3.17}$$

が成立する。

（2）時　間　推　移　　離散時間信号 $x(nT_s)$ を kT_s 秒遅延させた信号を $x\{(n-k)T_s\}$ とする。因果性を考慮すると，$x\{(n-k)T_s\}$ の z 変換は

$$\mathcal{Z}[x\{(n-k)T_s\}] = \sum_{n=0}^{\infty} x\{(n-k)T_s\}z^{-n} = \sum_{m=0}^{\infty} x(mT_s)z^{-(m+k)}$$
$$= z^{-k}X(z) \tag{3.18}$$

となる。このように，z^{-k} は kT_s 秒の遅延を表すことがわかる。遅延器を表すシンボル上に遅延時間を示す記号として，この表現方法がしばしば使用される。例えば，表 2.1 に示した遅延器を表すシンボル上に，T_s の代わりに z^{-1} と記入しても，表現方法が異なるだけで意味は同じである。

（3）たたみ込み演算の z 変換　　因果的な信号 $x(nT_s) = 0\,(n<0)$ よりたたみ込み演算

$$y(nT_s) = \sum_{k=0}^{n} x\{(n-k)T_s\}h(kT_s) \tag{3.19}$$

を

$$y(nT_s) = \sum_{k=0}^{\infty} x\{(n-k)T_s\}h(kT_s) \tag{3.20}$$

と表記して出力信号 $y(nT_s)$ の z 変換

$$\begin{aligned}
Y(z) &= \mathcal{Z}[y(nT_s)] \\
&= \sum_{n=0}^{\infty} y(nT_s)z^{-n} \\
&= \sum_{n=0}^{\infty} \left[\sum_{k=0}^{\infty} x\{(n-k)T_s\}h(kT_s)\right] z^{-n}
\end{aligned} \tag{3.21}$$

を求めてみよう。$m = n - k$ とおいて因果性を考慮すると，式 (3.21) は

$$\begin{aligned}
Y(z) &= \sum_{n=0}^{\infty} \left[\sum_{k=0}^{\infty} x\{(n-k)T_s\}h(kT_s)\right] z^{-n} \\
&= \sum_{k=0}^{\infty} h(kT_s) \sum_{n=0}^{\infty} x\{(n-k)T_s\}z^{-n} \\
&= \sum_{k=0}^{\infty} h(kT_s)z^{-k} \sum_{m=0}^{\infty} x(mT_s)z^{-m} \\
&= H(z)X(z)
\end{aligned} \tag{3.22}$$

となる。このように，出力信号 $y(nT_s)$ の z 変換 $Y(z)$ は，$H(z)$ と $X(z)$ の乗算によって求められることがわかる。ただし，$H(z) = \mathcal{Z}[h(nT_s)]$ としている。

z 変換の基本的な性質を**表 3.2** にまとめる。

表 3.2 z 変換の基本的な性質

性質	z 変換対	
線形性	$a \cdot x(nT_s) + b \cdot y(nT_s)$	$\longleftrightarrow$ $a \cdot X(z) + b \cdot Y(z)$
時間推移	$x\{(n-k)T_s\}$	$\longleftrightarrow$ $z^{-k}X(z)$
たたみ込み演算	$\sum_{k=0}^{n} x\{(n-k)T_s\}h(kT_s)$	$\longleftrightarrow$ $H(z)X(z)$

3.2.3 逆 z 変換の定義

z 変換 $F(z)$ から離散時間信号 $f(nT_s)$ を求める**逆 z 変換**（inverse z-transform）を

$$f(nT_s) = \frac{1}{j2\pi} \oint F(z) z^{n-1} dz \tag{3.23}$$

と定義する。ここで，$\oint$ は周回積分である。簡単化のために，$\mathcal{Z}^{-1}[\cdot]$ を用いて，逆 z 変換の操作を

$$f(nT_s) = \mathcal{Z}^{-1}[F(z)] \tag{3.24}$$

と表記する。実際には，式 (3.23) を直接計算することなく，関数 $F(z)$ の部分分数展開，逆 z 変換の線形性，表 3.1，または，2 項展開と z 変換の定義を利用して，簡単に $F(z)$ の逆 z 変換を求めることができる。

（1） 部分分数展開を利用した逆 z 変換　　部分分数展開，逆 z 変換の線形性，表 3.1 を利用して

$$F(z) = \frac{0.12 z^{-1}}{1 - 0.3 z^{-1}} \tag{3.25}$$

の逆 z 変換を求めてみよう。式 (3.25) を

$$F(z) = A_0 + \frac{A_1}{1 - 0.3 z^{-1}} \tag{3.26}$$

のように部分分数に展開する。係数 A_0 と A_1 は以下に示すような方法で求めることができる。式 (3.25) に $z = 0$ を代入すると，A_0 を

$$A_0 = F(z)\Big|_{z=0} = -0.4 \tag{3.27}$$

と決定できる。式 (3.26) の両辺に $1 - 0.3 z^{-1}$ を乗算し，$z = 0.3$ を代入すると，A_1 を

$$A_1 = (1 - 0.3 z^{-1}) F(z)\Big|_{z=0.3} = 0.4 \tag{3.28}$$

と決定できる。求めた $A_0 = -0.4$ と $A_1 = 0.4$ を式 (3.26) に代入すると，式 (3.25) の部分分数展開

$$F(z) = -0.4 + \frac{0.4}{1 - 0.3z^{-1}} \tag{3.29}$$

が求まる。逆 z 変換の線形性を利用すると，$F(z)$ の逆 z 変換は

$$\begin{aligned}f(nT_s) &= \mathcal{Z}^{-1}[F(z)] = \mathcal{Z}^{-1}\left[-0.4 + \frac{0.4}{1 - 0.3z^{-1}}\right] \\ &= -0.4\mathcal{Z}^{-1}[1] + 0.4\mathcal{Z}^{-1}\left[\frac{1}{1 - 0.3z^{-1}}\right]\end{aligned} \tag{3.30}$$

となる。式 (3.30) の右辺第 1 項 $\mathcal{Z}^{-1}[1]$ と右辺第 2 項 $\mathcal{Z}^{-1}\left[1/(1 - 0.3z^{-1})\right]$ は，表 3.1 を使用すると，それぞれ

$$\mathcal{Z}^{-1}[1] = \delta(nT_s), \quad \mathcal{Z}^{-1}\left[\frac{1}{1 - 0.3z^{-1}}\right] = (0.3)^n \tag{3.31}$$

であるので

$$f(nT_s) = -0.4\delta(nT_s) + 0.4(0.3)^n \quad (n \geqq 0) \tag{3.32}$$

が求める $F(z)$ の逆 z 変換となる。

（2） 2 項展開を利用した逆 z 変換　　2 項展開

$$\begin{aligned}X(z) &= \frac{1}{1 + az^{-1}} = 1 - az^{-1} + a^2 z^{-2} - a^3 z^{-3} + \cdots \\ &= \sum_{n=0}^{\infty} (-a)^n z^{-n}\end{aligned} \tag{3.33}$$

を用いて $X(z)$ を z^{-1} のべき級数に展開して

$$\begin{aligned}x(nT_s) &= \mathcal{Z}^{-1}[X(z)] = \mathcal{Z}^{-1}\left[\sum_{n=0}^{\infty} (-a)^n z^{-n}\right] \\ &= \mathcal{Z}^{-1}\left[\mathcal{Z}\left[(-a)^n\right]\right] = (-a)^n\end{aligned} \tag{3.34}$$

により $X(z)$ の逆 z 変換を求めることができる。逆 z 変換には，式 (3.3) に示した z 変換の定義を使用している。

部分分数展開を利用した逆 z 変換の場合と同様な例

$$F(z) = \frac{0.12z^{-1}}{1 - 0.3z^{-1}} \tag{3.35}$$

を使用して，2項展開を利用した逆 z 変換について説明しよう．部分分数展開，逆 z 変換の線形性を使用して 2 項展開を適用できる形に式 (3.35) を変形する．部分分数展開を利用した逆 z 変換の場合と同様な方法で $F(z)$ の部分分数展開

$$F(z) = -0.4 + \frac{0.4}{1 - 0.3z^{-1}} \tag{3.36}$$

を導出する．式 (3.36) の右辺第 2 項に 2 項展開を適用して

$$\begin{aligned}\frac{0.4}{1-0.3z^{-1}} &= 0.4\left(1 + 0.3z^{-1} + 0.3^2 z^{-2} + 0.3^3 z^{-3} + \cdots\right) \\ &= 0.4 \sum_{n=0}^{\infty} (0.3)^n z^{-n}\end{aligned} \tag{3.37}$$

を得る．式 (3.36) に式 (3.37) を代入すると

$$F(z) = -0.4 + 0.4 \sum_{n=0}^{\infty} (0.3)^n z^{-n} \tag{3.38}$$

となるので，表 3.1 の

$$\mathcal{Z}^{-1}[1] = \delta(nT_s) \tag{3.39}$$

と z 変換の定義 (式 (3.3)) を使用して

$$f(nT_s) = -0.4\delta(nT_s) + 0.4(0.3)^n \quad (n \geqq 0) \tag{3.40}$$

が求める $F(z)$ の逆 z 変換となる．

2 項展開を利用して逆 z 変換を行う場合，部分分数展開，逆 z 変換の線形性を使用して 2 項展開を適用できる形に関数 $F(z)$ を変形する．ここまでの演算は，部分分数展開を利用した逆 z 変換と同じである．両者の違いは，2 展開を利用した逆 z 変換では，表 3.1 に示した代表的な離散時間信号の z 変換表を使用する代わりに，z 変換の定義を使用して z^{-1} のべき級数に展開された $F(z)$ を逆 z 変換することである．

部分分数展開を利用した逆 z 変換では，部分分数展開後に直感的に $F(z)$ の逆 z 変換が求められることが特徴である．そこで，以下では，部分分数展開を利用した逆 z 変換を採用する．

3.3 ディジタルフィルタの伝達関数と安定性

3.3.1 インパルス応答と伝達関数

図 2.1 に示したディジタルフィルタの入出力関係を表す差分方程式は

$$\left. \begin{array}{l} v(nT_s) = x(nT_s) + \displaystyle\sum_{l=1}^{M} b_l v\{(n-l)T_s\} \\ y(nT_s) = \displaystyle\sum_{k=0}^{M} a_k v\{(n-k)T_s\} \end{array} \right\} \quad (3.41)$$

であった。$X(z) = \mathcal{Z}[x(nT_s)]$, $V(z) = \mathcal{Z}[v(nT_s)]$, $Y(z) = \mathcal{Z}[y(nT_s)]$ とすると，式 (3.41) の両辺の z 変換は

$$V(z) = X(z) + V(z)\sum_{l=1}^{M} b_l z^{-l}, \quad Y(z) = V(z)\sum_{k=0}^{M} a_k z^{-k} \quad (3.42)$$

となる。$X(z)$ と $V(z)$，$V(z)$ と $Y(z)$ の関係は，それぞれ

$$\frac{V(z)}{X(z)} = \frac{1}{1 - \displaystyle\sum_{l=1}^{M} b_l z^{-l}}, \quad \frac{Y(z)}{V(z)} = \sum_{k=0}^{M} a_k z^{-k} \quad (3.43)$$

であるので，入力信号 $x(nT_s)$ の z 変換 $X(z)$ と出力信号 $y(nT_s)$ の z 変換 $Y(z)$ の関係は

$$H(z) = \frac{Y(z)}{X(z)} = \frac{V(z)}{X(z)} \cdot \frac{Y(z)}{V(z)} = \frac{\displaystyle\sum_{k=0}^{M} a_k z^{-k}}{1 - \displaystyle\sum_{l=1}^{M} b_l z^{-l}} \quad (3.44)$$

で表されることになる。$H(z)$ をディジタルフィルタの**伝達関数** (transfer function) と呼ぶ。

図 2.1 のディジタルフィルタに単位インパルス関数 $\delta(nT_s)$ を入力する。表 3.1 より，入力信号 $x(nT_s)$ (単位インパルス関数 $\delta(nT_s)$) の z 変換は

$$X(z) = \Delta(z) = 1 \tag{3.45}$$

であるので，式 (3.44) に式 (3.45) を代入すると

$$H(z) = Y(z) = \frac{\displaystyle\sum_{k=0}^{M} a_k z^{-k}}{1 - \displaystyle\sum_{l=1}^{M} b_l z^{-l}} \tag{3.46}$$

を得る．一方，ディジタルフィルタに単位インパルス関数 $\delta(nT_s)$ を入力すると，インパルス応答 $h(nT_s)$ が出力信号 $y(nT_s)$ として得られることは，すでに 2 章で述べた．得られた出力信号 $y(nT_s)$ を z 変換すると

$$Y(z) = \mathcal{Z}[y(nT_s)] = \mathcal{Z}[h(nT_s)] \tag{3.47}$$

が成立することは明らかである．これらの結果から

$$H(z) = \mathcal{Z}[h(nT_s)] \tag{3.48}$$

に示すように，インパルス応答の z 変換が伝達関数であることがわかる．

3.3.2 伝達関数の極と零点

伝達関数 $H(z)$ が

$$\begin{aligned}H(z) &= K\frac{(1-z^{-1}\alpha_1)(1-z^{-1}\alpha_2)\cdots(1-z^{-1}\alpha_N)}{(1-z^{-1}\beta_1)(1-z^{-1}\beta_2)\cdots(1-z^{-1}\beta_L)} \\ &= K\frac{\displaystyle\prod_{k=1}^{N}(1-z^{-1}\alpha_k)}{\displaystyle\prod_{l=1}^{L}(1-z^{-1}\beta_l)}\end{aligned} \tag{3.49}$$

のように因数分解できるとき，$H(z)$ の分子の根

$$z = \alpha_k \quad (k=1,2,\cdots,N) \tag{3.50}$$

は零点（zero），分母の根

$$z = \beta_k \quad (k = 1, 2, \cdots, L) \tag{3.51}$$

は極(pole)とそれぞれ呼ばれる。N と L はそれぞれ分子と分母の次数,K は定数である。

さて,極の位置とインパルス応答の性質には密接な関係がある。つぎに,波形がわかっているインパルス応答を例に,インパルス応答の z 変換から極を求め,z 平面の極の位置からおおよそのインパルス応答の性質を知ることができることを示す。

3.3.3 インパルス応答と極の位置関係

インパルス応答を

$$h(nT_s) = e^{-anT_s} \cos \omega nT_s \tag{3.52}$$

として伝達関数の極の位置とインパルス応答の関係を調べてみよう。表 3.1 より,式 (3.52) の z 変換は

$$\begin{aligned}H(z) &= \frac{1 - e^{-aT_s} z^{-1} \cos \omega T_s}{1 - 2e^{-aT_s} z^{-1} \cos \omega T_s + e^{-2aT_s} z^{-2}} \\ &= \frac{2 - e^{-(a+j\omega)T_s} z^{-1} - e^{(-a+j\omega)T_s} z^{-1}}{2\left\{1 - e^{(-a+j\omega)T_s} z^{-1}\right\}\left\{1 - e^{-(a+j\omega)T_s} z^{-1}\right\}}\end{aligned} \tag{3.53}$$

であるので,極は複素共役対

$$z = e^{(-\alpha \pm j\omega)T_s} \tag{3.54}$$

になる。

(1) $\omega = 0$ の極の位置とインパルス応答の関係　　$a > 0$ とすると,式 (3.52) より明らかなように,時間の経過とともにインパルス応答 $h(nT_s)$ は指数関数的に減少する。式 (3.54) より,極 $z = e^{-aT_s}$ は実数軸上 $0 < z < 1$ の範囲に存在する。$a = 0$ の場合,インパルス応答の振幅は時刻に無関係に一定である。極は実数軸上 $z = 1$ に存在する。また,$a < 0$ とすると,インパルス応答 $h(nT_s)$ は時間の経過とともに指数関数的に増大する。極は実数軸上 $1 < z$ の範囲に存在する。

（ 2 ） $0 < \omega \leq \pi/T_s$ の極の位置とインパルス応答の関係　　角周波数 ω を 0 から π/T_s に高めると，極 $e^{(-a+j\omega)T_s}$ は半径 e^{-aT_s} の円の円周上を $z = e^{-aT_s}$ から反時計回りに $z = -e^{-aT_s}$ に向かって，また，極 $e^{-(a+j\omega)T_s}$ は半径 e^{-aT_s} の円の円周上を $z = e^{-aT_s}$ から時計回りに $z = -e^{-aT_s}$ に向かってそれぞれ移動する．最高角周波数 $\omega = \pi/T_s$ では，二つの極は $z = -e^{-aT_s}$ に存在する．円の半径は a の値に依存する．$a > 0$ とすると円の半径は 1 より小さく，$a < 0$ とすると円の半径は 1 より大きくなる．また，$a = 0$ では，円の半径は 1 である．インパルス応答 $h(nT_s)$ の振幅も a の値に依存する．$a > 0$ とすると，式 (3.52) より明らかなように，インパルス応答 $h(nT_s)$ は時間の経過とともに振幅が指数関数的に減衰する余弦波となる．$a = 0$ とすると，余弦波がインパルス応答となる．また，$a < 0$ とすると，インパルス応答 $h(nT_s)$ は時間の経過とともに振幅が指数関数的に増加する余弦波となる．

極の位置とインパルス応答波形の関係を図 **3.3** にまとめる．図より，z 平面において極が単位円の内側に存在する場合，インパルス応答の振幅は指数関数的に減衰する．このように，インパルス応答が時間の経過とともに指数関数的に減少すること，すなわち，極が z 平面の単位円内に存在することがディジタルフィルタの**安定条件**（stable condition）である．

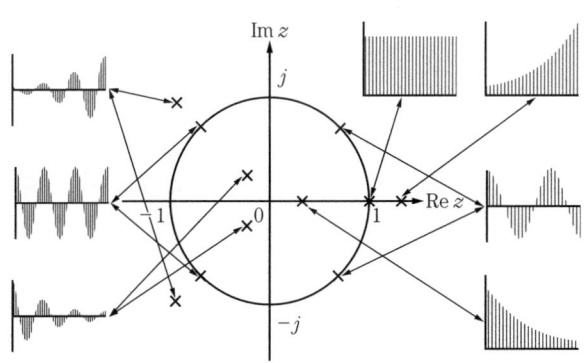

図 **3.3**　極の位置とインパルス応答の関係

一方，極が単位円の外側に存在する場合，インパルス応答の振幅は指数関数的に増大する．極が単位円の円周上に存在する場合には，インパルス応答の振幅

は一定である。また，極が実数軸上以外に複素共役対で存在する場合には，上記の振幅の変化に振動の成分が加わる。

3.3.4　1 次 IIR フィルタの安定性の確認

ここでは，2 章で示した 1 次 IIR フィルタを例にディジタルフィルタの安定性について調べてみよう。図 2.9 のディジタルフィルタの差分方程式は

$$v(nT_s) = x(nT_s) + b \cdot v\{(n-1)T_s\}, \quad y(nT_s) = a \cdot v(nT_s) \quad (3.55)$$

であった。式 (3.55) の z 変換はそれぞれ

$$V(z) = X(z) + b \cdot z^{-1} V(z), \quad Y(z) = a \cdot V(z) \quad (3.56)$$

となるので，伝達関数は

$$\begin{aligned} H(z) &= \frac{Y(z)}{X(z)} \\ &= \frac{V(z)}{X(z)} \cdot \frac{Y(z)}{V(z)} \\ &= \frac{a}{1 - bz^{-1}} \end{aligned} \quad (3.57)$$

となる。式 (3.57) より，極は

$$z = b \quad (3.58)$$

と求められる。$|b| < 1$ の場合，図 **3.4** に示すように，極は単位円の内側の実数軸上に存在するので，極の位置より，インパルス応答 $h(nT_s)$ は指数関数的に減衰すると推定できる。式 (2.11) より，図 2.9 の 1 次 IIR フィルタのインパルス応答 $h(nT_s)$ は

$$h(nT_s) = a \cdot b^n \quad (3.59)$$

であるので，極の位置から推定したインパルス応答と一致することが確認できる。

このように，図 2.9 のディジタルフィルタが安定であることは確認できたわけであるが，実際にディジタルフィルタに信号を入力して，ディジタルフィル

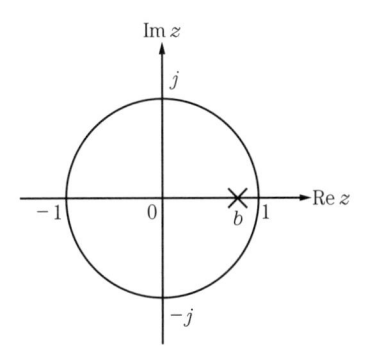

図 **3.4** 1 次 IIR フィルタの極の位置 ($b = 0.9$)

タが安定であることを確かめてみよう．入力信号としては正弦波を採用する．表 3.1 より，正弦波の z 変換は

$$\begin{aligned} X(z) &= \mathcal{Z}[x(nT_s)] \\ &= \frac{z^{-1}\sin\omega T_s}{1 - 2z^{-1}\cos\omega T_s + z^{-2}} \\ &= \frac{1}{j2}\cdot\frac{z^{-1}(e^{j\omega T_s} - e^{-j\omega T_s})}{(1 - e^{j\omega T_s}z^{-1})(1 - e^{-j\omega T_s}z^{-1})} \end{aligned} \tag{3.60}$$

であるので，式 (3.22) のたたみ込み演算を用いると，出力信号 $y(nT_s)$ の z 変換 $Y(z)$ は

$$\begin{aligned} Y(z) &= H(z)X(z) \\ &= \frac{a}{1 - bz^{-1}}\cdot\frac{1}{j2}\cdot\frac{z^{-1}(e^{j\omega T_s} - e^{-j\omega T_s})}{(1 - e^{j\omega T_s}z^{-1})(1 - e^{-j\omega T_s}z^{-1})} \end{aligned} \tag{3.61}$$

となる．部分分数展開，逆 z 変換の線形性，表 3.1 を使用して式 (3.61) の逆 z 変換を求める．式 (3.61) を部分分数

$$\begin{aligned} Y(z) &= \frac{a}{j2}\cdot\frac{1}{1 - bz^{-1}}\cdot\frac{z^{-1}(e^{j\omega T_s} - e^{-j\omega T_s})}{(1 - e^{j\omega T_s}z^{-1})(1 - e^{-j\omega T_s}z^{-1})} \\ &= B_0 + \frac{B_1}{1 - bz^{-1}} + \frac{B_2}{1 - e^{j\omega T_s}z^{-1}} + \frac{B_3}{1 - e^{-j\omega T_s}z^{-1}} \end{aligned} \tag{3.62}$$

に展開する．ここで，係数 B_0, B_1, B_2, B_3 はそれぞれ

$$\left.\begin{array}{l}B_0 = Y(z)\Big|_{z=0} = 0 \\ B_1 = (1-bz^{-1})Y(z)\Big|_{z=b} = \dfrac{a}{j2}\cdot\dfrac{b(e^{j\omega T_s}-e^{-j\omega T_s})}{(b-e^{j\omega T_s})(b-e^{-j\omega T_s})} \\ B_2 = (1-z^{-1}e^{j\omega T_s})Y(z)\Big|_{z=e^{j\omega T_s}} = \dfrac{a}{j2}\cdot\dfrac{e^{j\omega T_s}}{e^{j\omega T_s}-b} \\ B_3 = (1-z^{-1}e^{-j\omega T_s})Y(z)\Big|_{z=e^{-j\omega T_s}} = -\dfrac{a}{j2}\cdot\dfrac{e^{-j\omega T_s}}{e^{-j\omega T_s}-b}\end{array}\right\} \quad (3.63)$$

と求まる．求めた係数を式 (3.62) に代入すると

$$\begin{aligned}Y(z)=&\dfrac{a}{j2}\left\{\dfrac{b(e^{j\omega T_s}-e^{-j\omega T_s})}{(b-e^{j\omega T_s})(b-e^{-j\omega T_s})}\cdot\dfrac{1}{1-bz^{-1}}\right.\\ &+\dfrac{e^{j\omega T_s}}{e^{j\omega T_s}-b}\cdot\dfrac{1}{1-e^{j\omega T_s}z^{-1}}\\ &\left.-\dfrac{e^{-j\omega T_s}}{e^{-j\omega T_s}-b}\cdot\dfrac{1}{1-e^{-j\omega T_s}z^{-1}}\right\} \end{aligned} \quad (3.64)$$

を得る．表 3.1 を利用して式 (3.64) の両辺を逆 z 変換すると，出力信号 $y(nT_s)$ を

$$\begin{aligned}y(nT_s)=&\dfrac{a}{j2}\left\{\dfrac{b(e^{j\omega T_s}-e^{-j\omega T_s})}{(b-e^{j\omega T_s})(b-e^{-j\omega T_s})}b^n\right.\\ &\left.+\dfrac{e^{j\omega T_s}}{e^{j\omega T_s}-b}e^{j\omega nT_s}-\dfrac{e^{-j\omega T_s}}{e^{-j\omega T_s}-b}e^{-j\omega nT_s}\right\}\\ =&\dfrac{a}{j2}\left\{\dfrac{e^{j\omega T_s}-e^{-j\omega T_s}}{(b-e^{j\omega T_s})(b-e^{-j\omega T_s})}b^{n+1}\right.\\ &\left.+\dfrac{1}{e^{j\omega T_s}-b}e^{j\omega(n+1)T_s}-\dfrac{1}{e^{-j\omega T_s}-b}e^{-j\omega(n+1)T_s}\right\}\\ =&\dfrac{a}{1+b^2-2b\cos(\omega T_s)}\left[b^{n+1}\sin(\omega T_s)+\sin(\omega nT_s)\right.\\ &\left.-b\sin\{\omega(n+1)T_s\}\right] \end{aligned} \quad (3.65)$$

と求めることができる．式 (3.65) において，過渡応答を表す右辺第 1 項は

$$\lim_{n\to\infty} b^{n+1}\sin(\omega T_s) = 0 \quad (3.66)$$

となるので，伝達関数が安定なディジタルフィルタに正弦波を入力すると，出力信号は発散しないことが確認できた．また，式 (3.65) は，2 章で求めた式 (2.35) と一致することも確認することができる．

3.4 周波数特性

3.4.1 振幅特性と位相特性

インパルス応答 $h(nT_s)$ を有するディジタルフィルタに信号

$$x(nT_s) = e^{j\omega nT_s} \tag{3.67}$$

を入力する。出力信号 $y(nT_s)$ は，たたみ込み演算を用いて

$$\begin{aligned}y(nT_s) &= \sum_{k=0}^{n} x\{(n-k)T_s\}h(kT_s) = \sum_{k=0}^{n} e^{j\omega(n-k)T_s} h(kT_s) \\ &= e^{j\omega nT_s}\left\{\sum_{k=0}^{n} h(kT_s)e^{-j\omega kT_s}\right\}\end{aligned} \tag{3.68}$$

と求めることができる。インパルス応答長が $n \to \infty$ である一般的な場合を考えて

$$H(\omega) = \sum_{k=0}^{\infty} h(kT_s)e^{-j\omega kT_s} \tag{3.69}$$

と定義すると

$$y(nT_s) = e^{j\omega nT_s} H(\omega) \tag{3.70}$$

より入力信号が $H(\omega)$ 倍されて出力されることがわかる。$H(\omega)$ はインパルス応答 $h(nT_s)$ を有するディジタルフィルタの正弦波の応答で，**周波数特性** (frequency characteristic) と呼ばれる。伝達関数はインパルス応答 $h(nT_s)$ の z 変換

$$H(z) = \mathcal{Z}[h(nT_s)] = \sum_{k=0}^{\infty} h(kT_s)z^{-k} \tag{3.71}$$

によって求められているので，式 (3.69) と比較すると

$$H(\omega) = H(z)\big|_{z=e^{j\omega T_s}} \tag{3.72}$$

のように $z = e^{j\omega T_s}$ を伝達関数 $H(z)$ に代入すると，伝達関数 $H(z)$ から周波数特性 $H(\omega)$ を直接求めることができる．例えば，式 (3.44) で求めた伝達関数

$$H(z) = \frac{\displaystyle\sum_{k=0}^{M} a_k z^{-k}}{1 - \displaystyle\sum_{l=1}^{M} b_l z^{-l}} \tag{3.73}$$

に $z = e^{j\omega T_s}$ を代入すると，周波数特性を

$$H(\omega) = H(z)\Big|_{z=e^{j\omega T_s}} = \frac{\displaystyle\sum_{k=0}^{M} a_k e^{-jk\omega T_s}}{1 - \displaystyle\sum_{l=1}^{M} b_l e^{-j\omega l T_s}} \tag{3.74}$$

と求めることができる．

また，周波数特性を

$$H(\omega) = H_R(\omega) + jH_I(\omega) \tag{3.75}$$

のように実数部 $H_R(\omega)$ と虚数部 $H_I(\omega)$ に分割すると，周波数特性を**フェーザ表示**（phasor representation）を用いて

$$\begin{aligned} H(\omega) &= H_R(\omega) + jH_I(\omega) \\ &= \sqrt{(H_R(\omega))^2 + (H_I(\omega))^2} \angle \tan^{-1} \frac{H_I(\omega)}{H_R(\omega)} \end{aligned} \tag{3.76}$$

と表現することもできる．ここで

$$|H(\omega)| = \sqrt{(H_R(\omega))^2 + (H_I(\omega))^2} \tag{3.77}$$

は**振幅特性**（amplitude characteristic）

$$\angle H(\omega) = \tan^{-1} \frac{H_I(\omega)}{H_R(\omega)} \tag{3.78}$$

は**位相特性**（phase characteristic）と呼ばれている．式 (3.76) は，振幅特性と位相特性を用いて周波数特性を表現すると，ディジタルフィルタに正弦波を入

力して十分に時間が経過した場合，振幅が $|H(\omega)|$ 倍，位相が $\angle H(\omega)$ 進んだ同じ角周波数の正弦波が出力されることを示している．

振幅特性の表示には，一般にデシベル表示が用いられる．デシベル表示には，**利得表示**（gain representation）

$$20\log_{10}|H(\omega)| \quad [\text{dB}] \tag{3.79}$$

と**減衰量表示**（attenuation representation）

$$-20\log_{10}|H(\omega)| \quad [\text{dB}] \tag{3.80}$$

の 2 種類が存在する．単位には，**デシベル**（decibel, dB）が使用される．**表 3.3** に数値例を示す．振幅特性の表示には，利得表示，減衰量表示のどちらを用いてもかまわない．

表 3.3 デシベル表示の数値例

振幅特性 $|H(\omega)|$	利得表示 [dB]	減衰量表示 [dB]
1/100	−40	40
1/10	−20	20
$1/\sqrt{2}$	−3	3
1	0	0
$\sqrt{2}$	3	−3
10	20	−20
100	40	−40

（1） 1 次 IIR フィルタの周波数特性　図 2.9 のディジタルフィルタの周波数特性を求めてみよう．伝達関数は，式 (3.57) より

$$H(z) = \frac{a}{1 - bz^{-1}} \tag{3.81}$$

であったので，オイラーの公式

$$e^{-j\omega T_s} = \cos\omega T_s - j\sin\omega T_s \tag{3.82}$$

を使用すると，周波数特性 $H(\omega)$ は

66   3. ディジタルフィルタの特性

$$\begin{aligned}H(\omega)&=\left.\frac{a}{1-bz^{-1}}\right|_{z=e^{j\omega T_s}}\\&=\frac{a}{1-be^{-j\omega T_s}}\\&=\frac{a}{1-b\cos\omega T_s+jb\sin\omega T_s}\end{aligned} \qquad (3.83)$$

となる．振幅特性と位相特性を用いて表現すると

$$\begin{aligned}H(\omega)&=\frac{a}{\sqrt{(1-b\cos\omega T_s)^2+(b\sin\omega T_s)^2}}\angle-\tan^{-1}\frac{b\sin\omega T_s}{1-b\cos\omega T_s}\\&=\frac{a}{\sqrt{1+b^2-2b\cos\omega T_s}}\angle-\tan^{-1}\frac{b\sin\omega T_s}{1-b\cos\omega T_s}\end{aligned} \qquad (3.84)$$

を得る．式 (3.84) は，2 章で述べた 1 次 IIR フィルタの定常応答から求めた振幅と位相（式 (3.1)，式 (3.2)）に一致する．このように，周波数特性を使用すると，たたみ込み演算，三角関数の公式等を使用することなく，簡単に振幅特性と位相特性を求めることができる．

（2） **1 次 FIR フィルタの周波数特性**　図 2.11 のディジタルフィルタの周波数特性を求めてみよう．図 2.11 のディジタルフィルタの差分方程式は

$$y(nT_s) = a_0 \cdot x(nT_s) + a_1 \cdot x\{(n-1)T_s\} \qquad (3.85)$$

であった．式 (3.85) の z 変換は

$$Y(z) = a_0 \cdot X(z) + a_1 \cdot z^{-1}X(z) \qquad (3.86)$$

となるので，伝達関数は

$$H(z) = \frac{Y(z)}{X(z)} = a_0 + a_1 z^{-1} \qquad (3.87)$$

となる．周波数特性 $H(\omega)$ は，オイラーの公式を使用すると

$$\begin{aligned}H(\omega)&=a_0+a_1 z^{-1}\Big|_{z=e^{j\omega T_s}}\\&=a_0+a_1 e^{-j\omega T_s}\\&=a_0+a_1\cos\omega T_s-ja_1\sin\omega T_s\end{aligned} \qquad (3.88)$$

となり，振幅特性と位相特性を用いて表現すると

$$H(\omega)=\sqrt{(a_0 + a_1 \cos \omega T_s)^2 + (a_1 \sin \omega T_s)^2} \angle - \tan^{-1} \frac{a_1 \sin \omega T_s}{a_0 + a_1 \cos \omega T_s}$$
$$=\sqrt{a_0^2 + 2a_0 a_1 \cos \omega T_s + a_1^2} \angle - \tan^{-1} \frac{a_1 \sin \omega T_s}{a_0 + a_1 \cos \omega T_s} \quad (3.89)$$

を得る。このように，FIR フィルタの場合も周波数特性を使用すると，たたみ込み演算，三角関数の公式等を使用することなく，簡単に振幅特性と位相特性を求めることができる。

3.4.2 周波数特性によるディジタルフィルタの分類

ディジタルフィルタは希望する周波数帯域の信号だけを通過させ，その他の信号を阻止する目的などに使用される。入力信号を出力側に通過させることができる周波数帯域は**通過域**（pass band），一方，通過させない周波数帯域は**阻止域**（stop band）とそれぞれ呼ばれる。また，通過域から阻止域に，または逆に阻止域から通過域に遷移する周波数帯域が**遷移域**（transition band）である。図 3.5 に振幅特性の一例を示す。ここで，利得表示された振幅特性が

$$20 \log_{10} |H(\omega_c)| = -3 \, \text{dB} \quad (3.90)$$

を満足する周波数 f_c が**遮断周波数**（cutoff frequency）である。また，利得表示を用いて通過域許容減衰量を A_p と表記すると

$$20 \log_{10} |H(\omega_p)| = A_p \, \text{〔dB〕} \quad (3.91)$$

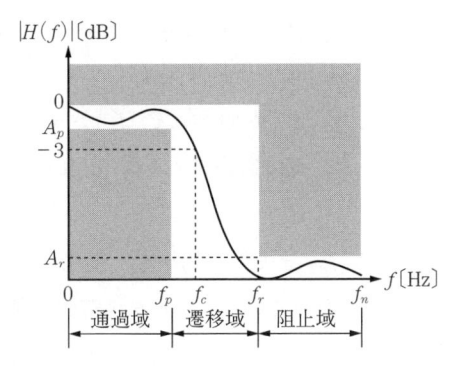

図 3.5 振幅特性の一例

を満足する周波数 f_p は通過域端周波数，阻止域減衰量を A_r と表記すると

$$20\log_{10}|H(\omega_r)| = A_r \quad [\text{dB}] \tag{3.92}$$

を満足する周波数 f_r は阻止域端周波数とそれぞれ呼ばれる。

ディジタルフィルタは，通過域と阻止域の組合せにより，図 **3.6** に示す四つの種類に，また，周波数特性により，つぎに示すような五つの種類に分類される。

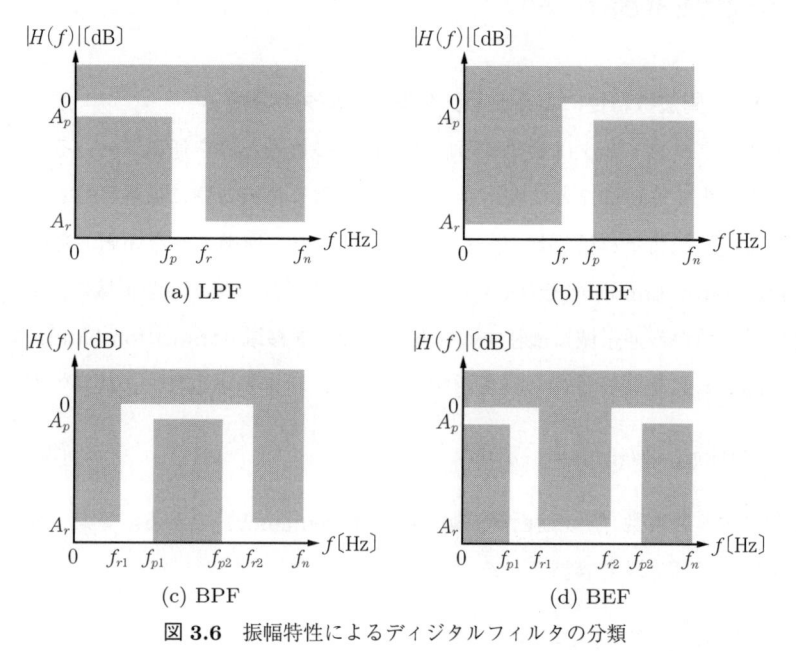

図 **3.6** 振幅特性によるディジタルフィルタの分類

（**1**）**低域通過フィルタ** 直流から f_p までが通過域で，f_r から f_n までの周波数帯域が阻止域となっているフィルタが LPF である。

（**2**）**高域通過フィルタ** 直流から f_r までが阻止域で，f_p から f_n までの周波数帯域が通過域となっているフィルタが**高域通過フィルタ**（highpass filter, HPF）である。

（**3**）**帯域通過フィルタ** f_{p1} から f_{p2} までが通過域で，直流から f_{r1} と f_{r2} から f_n までの周波数帯域が阻止域となっているフィルタが**帯域通過フィルタ**（bandpass filter, BPF）である。ただし，$f_{r1} < f_{p1} < f_{p2} < f_{r2}$ である。

(4)　**帯域阻止フィルタ**　　直流から f_{p1} と f_{p2} から f_n までの周波数帯域が通過域で，f_{r1} から f_{r2} までの周波数帯域が阻止域となっているフィルタが**帯域阻止フィルタ**（band-elimination filter, BEF）である．ただし，$f_{p1} < f_{r1} < f_{r2} < f_{p2}$ である．

(5)　**全域通過フィルタ**　　すべての周波数帯域が通過域で，位相特性のみを変化させるフィルタが**全域通過フィルタ**（allpass filter, APF）である．

3.4.3　C 言語による周波数特性の表示

図 2.9 に示した 1 次 IIR フィルタの周波数特性 (式 (3.84)) をパソコンの画面上に表示してみよう．図 3.7〜 図 3.9 に 1 次 IIR フィルタの振幅特性を求めるプログラムを，図 3.10 に public 部に追加した関数をそれぞれ示す．関数 Magnitude(CDC* pDC) の内容を以下で説明する．

ampView.cpp

①　正弦波の周波数を直流から 15 kHz まで 1 kHz ずつ増加させる．
```
for (int i=0; i<=15; i++){
```

②　周波数の単位を kHz から Hz に変換する．
```
frequency=(double)i*1000.0;
```

③　角周波数を計算する．
```
omega=2.0*pi*frequency;
```

④　周波数特性 (式 (3.83)) の分母実数項を計算する．
```
denominator_real=1.0-b[1]*cos(omega*ts);
```

⑤　周波数特性 (式 (3.83)) の分母虚数項を計算する．
```
denominator_imaginary=b[1]*sin(omega*ts);
```

⑥　振幅特性 (式 (3.84)) の分母の大きさを計算する．
```
denominator=pow(denominator_real,2.0);
denominator+=pow(denominator_imaginary,2.0);
```

70   3. ディジタルフィルタの特性

─────────── プログラム **3-2** (ampView.cpp) ───────────
```
 1  // 略
 2
 3  /////////////////////////////////////////////////
 4  // CAmpView クラスの描画
 5  #include <math.h> // ANSI C 標準ライブラリ関数の指定
 6  static char xaxes[][3]={"0","3","6","9","12","15"};
 7  static char yaxes[][4]={"  0","-10","-20","-30"};
 8
 9  void CAmpView::OnDraw(CDC* pDC){
10    CAmpDoc* pDoc = GetDocument();
11    ASSERT_VALID(pDoc);
12    XYAxes( pDC );
13    Magnitude( pDC );
14  }
15
16  void CAmpView::XYAxes( CDC* pDC ){
17    CPen newPen;
18    CPen *oldPen;
19    CFont newFont;
20    CFont* oldFont;
21
22    pDC->Rectangle (100,50,450,290);
23    pDC->TextOut(230,320,"Frequency [kHz]"); // x 軸の表示
24    newPen.CreatePen(PS_DOT,1,RGB(0, 0, 0));
25    oldPen = pDC->SelectObject(&newPen);
26    pDC->TextOut(96,295,xaxes[0]);
27    for (int i=1; i<=4; i++){
28      pDC->MoveTo(100+70*i,50);
29      pDC->LineTo(100+70*i,290);
30      pDC->TextOut(96+70*i,295,xaxes[i]);
31    }
32    pDC->TextOut(96+70*5,295,xaxes[5]);
33    pDC->SelectObject(oldPen);
34    newPen.DeleteObject();
35    newFont.CreateFont(18,0,900,0,
36            FW_NORMAL,
37            FALSE,
38            FALSE,
39            0,ANSI_CHARSET,
40            OUT_DEFAULT_PRECIS,
```

図 **3.7** 1 次 IIR フィルタの振幅特性のプログラム

3.4 周波数特性   71

──────── プログラム 3-3 (ampView.cpp) ────────
```
41             CLIP_DEFAULT_PRECIS,
42             DEFAULT_QUALITY,
43             DEFAULT_PITCH | FF_MODERN,
44             "Courie");
45    oldFont=(CFont*)pDC->SelectObject(&newFont);
46    pDC->TextOut(30,245,"Amplitude [dB]"); // y 軸の表示
47    pDC->SelectObject(oldFont);
48    newFont.DeleteObject();
49
50    newPen.CreatePen(PS_DOT,1,RGB(0, 0, 0));
51    oldPen = pDC->SelectObject(&newPen);
52    pDC->TextOut(67,43,yaxes[0]);
53    for (int i=1; i<=2; i++){
54      pDC->MoveTo(100,50+80*i);
55      pDC->LineTo(450,50+80*i);
56      pDC->TextOut(67,43+80*i,yaxes[i]);
57    }
58    pDC->TextOut(67,43+80*3,yaxes[3]);
59    pDC->SelectObject(oldPen);
60    newPen.DeleteObject();
61    pDC->MoveTo(100,50);
62 }
63
64 void CAmpView::LineMag( CDC* pDC, double x, double y ){
65    x/=1000.0;
66    pDC->LineTo(100.+70./3.*x,50.-8.*y);
67 }
68
69 void CAmpView::Magnitude( CDC* pDC ){
70    double omega,denominator;
71    double denominator_real,denominator_imaginary;
72    double amplitude,phase;
73    double pi,frequency,ts;
74    double a[2]={0.0},b[2]={0.0};
75    pi=acos(-1.0); // 円周率の算出
76    ts=0.3333e-4; // 標本化周期の設定
77    a[0] = 0.1; // 乗算係数の設定
78    b[1] = 0.9;
79    for (int i=0; i<=15; i++){
80      frequency=(double)i*1000.0;
```

図 3.8　1次 IIR フィルタの振幅特性のプログラム
(つづき 1)

72　3. ディジタルフィルタの特性

―――――― プログラム **3-4** (ampView.cpp) ――――――
```
81      omega=2.0*pi*frequency;  // 角周波数の計算
82      denominator_real=1.0-b[1]*cos(omega*ts);  // 周波数特性の分母実数部
83      denominator_imaginary=b[1]*sin(omega*ts);//周波数特性の分母虚数部
84      denominator=pow(denominator_real,2.0);
85      denominator+=pow(denominator_imaginary,2.0);//分母の大きさの計算
86      amplitude=a[0]/sqrt(denominator);  // 振幅の計算
87      amplitude=20.0*log10(amplitude);  // 振幅の利得表示の計算
88      LineMag( pDC, frequency, amplitude );  // 利得表示の表示
89    }
90  }
91  // 略
```

図 **3.9**　1 次 IIR フィルタの振幅特性のプログラム
(つづき 2)

⑦　振幅特性 (式 (3.84)) を計算する。
　　　`amplitude=a[0]/sqrt(denominator);`

⑧　振幅特性を利得表示 (式 (3.79)) する。
　　　`amplitude=20.0*log10(amplitude);`

⑨　利得表示された振幅をパソコン画面上に表示する。
　　　`LineMag( pDC, frequency, amplitude );`

図 3.7〜 図 3.9 に示したプログラムの実行結果を図 **3.11** に示す。図より，図 2.9 に示したディジタルフィルタは低域通過フィルタであることがわかる。利得表示された振幅特性が

$$20\log_{10}|H(\omega)| = -3\,\text{dB} \tag{3.93}$$

となる周波数

$$f_c = 500\,\text{Hz} \tag{3.94}$$

が図 2.9 の低域通過フィルタの遮断周波数である。
　つぎに，図 2.9 に示した 1 次 IIR フィルタの位相特性 (式 (3.84)) をパソコ

3.4 周波数特性　　73

―――――― プログラム 3-5 (ampView.h) ――――――
```
1  // ampView.h : CAmpView クラスの宣言およびインターフ
2  //
3  /////////////////////////////////////////////////////
4
5  class CAmpView : public CView{
6  protected: // シリアライズ機能のみから作成します。
7    CAmpView();
8    DECLARE_DYNCREATE(CAmpView)
9
10 // アトリビュート
11 public:
12   CAmpDoc* GetDocument();
13
14 // オペレーション
15 public:
16   void XYAxes( CDC* );
17   void LineMag( CDC*, double, double);
18   void Magnitude( CDC* );
19
20 // オーバーライド
21   // ClassWizard は仮想関数を生成しオーバーライドします。
22   //{{AFX_VIRTUAL(CAmpView)
23   public:
24   virtual void OnDraw(CDC* pDC);   // このビューを描画する
25   virtual BOOL PreCreateWindow(CREATESTRUCT& cs);
26   protected:
27   //}}AFX_VIRTUAL
28 // 略
```

図 3.10　関数の追加

ンの画面上に表示してみよう．以下に ampView.cpp と ampView.h の変更箇所を示す．

iirexc.exe

① グローバル変数

```
static char yaxes[][4]={"  0","-10","-20","-30"};
```

を

```
static char yaxes[][5]={"  0","-0.4","-0.8","-1.2"};
```

3. ディジタルフィルタの特性

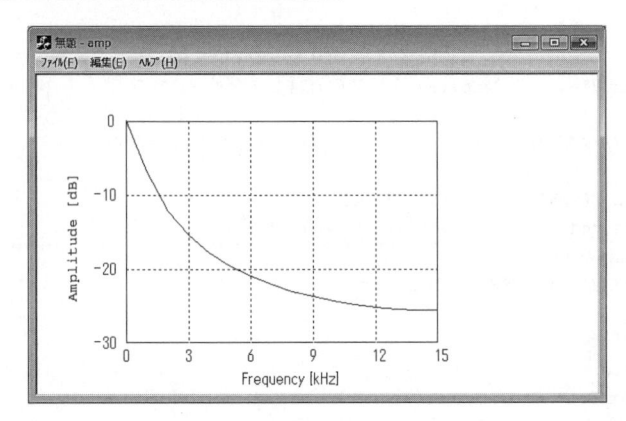

図 3.11 1次 IIR フィルタの振幅特性

に変更する。

② 関数 LineMag() の
   pDC->LineTo(100.+70./3.*x,50.-8.*y);

を

   pDC->LineTo(100.+70./3.*x,50.-80./0.6*y);

に変更する。

③ 関数名
   Magnitude(CDC* pDC)

を

   Phase(CDC* pDC)

に変更する。

④ 関数 Phase() の内容を以下に示すように変更する。

位相特性を計算するために，振幅特性とその利得表示を実行する行
```
denominator=pow(denominator_real,2.0);
denominator+=pow(denominator_imaginary,2.0);
amplitude=a[0]/sqrt(denominator);
amplitude=20.0*log10(amplitude);
```
を

3.4 周波数特性

```
phase=-atan(denominator_imaginary/denominator_real);
```
に変更する。

⑤ 位相特性を表示するために，利得表示された振幅特性をパソコン画面上に表示する行
```
LineMag( pDC, frequency, amplitude );
```
を
```
LineMag( pDC, frequency, phase );
```
に変更する。

⑥ ファイル ampView.h の関数宣言を
```
void Magnitude( CDC* );
```
を
```
void Phase( CDC* );
```
に変更する。

①～⑥の変更を加えたプログラムの実行結果を図 **3.12** に示す。図は，入力する正弦波の周波数が低い場合には，出力される正弦波の位相は大きく遅れること，正弦波の周波数を高めていくと，位相遅れはしだいに小さくなることを示している。

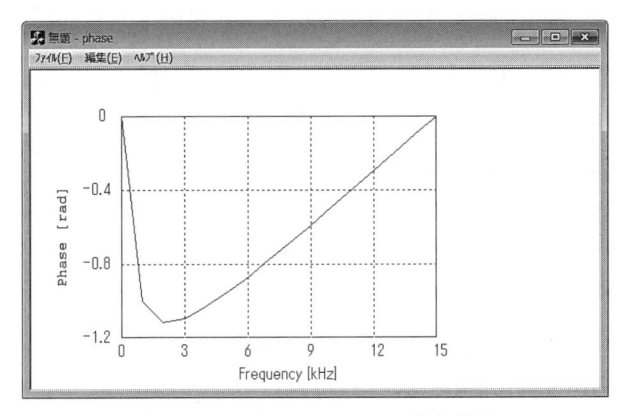

図 **3.12**　1次 IIR フィルタの位相特性

3.4.4 低域通過フィルタから各種フィルタへ

図 3.7〜 図 3.9 に示したプログラムでは，標本化周波数を $f_s = 30\,\text{kHz}$ としていたので，標本化定理より，入力する正弦波の周波数を

$$0 \leq f \leq f_n (= 15\,\text{kHz}) \tag{3.95}$$

の範囲から任意に選択していた．周波数特性は，伝達関数に $z = e^{j\omega T_s}$ を代入することによって求められることはすでに示した．$e^{j\omega T_s}$ は，標本化周波数 $1/T_s$ の整数倍の周波数 k/T_s において

$$\begin{aligned}\omega T_s &= 2\pi \frac{k}{T_s} T_s \\ &= 2k\pi \end{aligned} \tag{3.96}$$

で同じ値となる周期関数であるので，周波数特性も同じ周期で繰り返すことになる．ここでは，入力する正弦波の周波数の範囲を $-60\,\text{kHz} \leq f \leq 60\,\text{kHz}$ と変更して，標本化周波数 $30\,\text{kHz}$ ごとに振幅特性が繰り返すことを確認してみよう．ここで，負の周波数は実際には存在しない仮想的な周波数である．図 3.7〜図 3.9 に示したプログラム `ampView.cpp` に以下の変更を加える．

　　　　`iirexc.exe`

① 関数 `LineMag()` の
　　`pDC->LineTo(100.+70./3.*x,50.-8.*y);`
　を
　　`pDC->LineTo(100.+65./20.*(x+60.),50.-8.*y);`
　に変更する．

② 関数 `Magnitude()` の内容を以下に示すように変更する．

　　　入力する正弦波の周波数範囲を設定する行を
　　　　`for (int i=0; i<=15; i++){`
　から

3.4 周波数特性

```
for (int i=-24; i<=24; i++){
```
に変更する。

③　周波数の単位を kHz から Hz に変換する行を
```
frequency=(double)i*1000.0;
```
から
```
frequency=(double)i*2500.0;
```
に変更する。この結果，正弦波の周波数を $-60 \sim 60\,\mathrm{kHz}$ までの範囲で $2.5\,\mathrm{kHz}$ ずつ変化させることになる。

変更を加えたプログラムの実行結果を図 **3.13** に示す。正および負の周波数においても，標本化周波数 $30\,\mathrm{kHz}$ ごとに振幅特性が繰り返すことが確認できる。実際には存在しない負の仮想的な周波数における振幅特性，および標本化定理を満足しない周波数範囲での周波数特性，周波数特性が標本化周波数ごとに繰り返すという性質は，帯域通過フィルタ，高域通過フィルタ，帯域阻止フィルタを実現するうえで非常に重要な性質である。これらのフィルタは，周波数変換を低域通過フィルタの伝達関数に適用することによって実現される。このことから，低域通過フィルタはすべてのフィルタの核に位置付けられる。

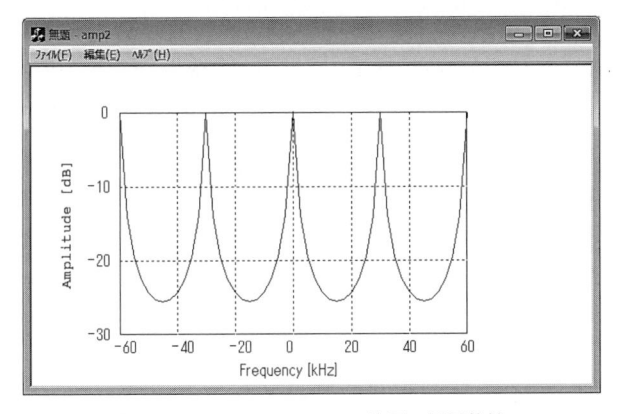

図 **3.13**　$-60 \sim 60\,\mathrm{kHz}$ の範囲の振幅特性

章 末 問 題

【1】 図 2.18 に示す 1 次 IIR フィルタについて以下の問に答えよ。
(1) 伝達関数を求めよ。
(2) 極を求め，z 平面上に位置を図示せよ。
(3) 極の位置からインパルス応答を推定せよ。次いで，2 章章末問題 (3) で理論的に求めたインパルス応答と比較せよ。
(4) 正弦波をディジタルフィルタに入力する。式 (3.22) のたたみ込み演算を用いて出力信号を求めよ。
(5) 図 2.18 のディジタルフィルタが安定であることを (4) の結果から確認せよ。
(6) (1) で求めた伝達関数からシステム関数を求めよ。
(7) 周波数特性 (振幅特性と位相特性) を周波数特性から求めよ。
(8) 周波数帯 $0 \sim 15\,\mathrm{kHz}$ の振幅特性を表示するプログラムを作成せよ。標本化周波数としては $f_s = 30\,\mathrm{kHz}$ を採用せよ。
(9) (8) で作成したプログラムに変更を加えて，周波数帯 $0 \sim 15\,\mathrm{kHz}$ の位相特性を表示するプログラムを作成せよ。標本化周波数としては $f_s = 30\,\mathrm{kHz}$ を採用せよ。
(10) (8) で作成したプログラムに変更を加えて，周波数帯 $-60 \sim 60\,\mathrm{kHz}$ の振幅特性を表示するプログラムを作成せよ。

4 高速フーリエ変換とスペクトル分析

3章までに取り上げた離散時間信号は，周波数成分が既知のアナログ信号を標本化したものであった。一方，単なる数値の羅列にすぎない未知の離散時間信号を受け取った場合，どのようにすれば離散時間信号の周波数成分を知ることができるのであろうか。

4章では，離散時間信号の周波数成分を解析する方法について説明しよう。解析方法固有の性質を利用すると，ディジタル信号処理の代名詞でもある FFT アルゴリズムを導出することができる。FFT アルゴリズムはパソコン上で大量の離散時間信号の実時間処理を可能にし，ディジタル信号処理の発展に大きく貢献している。後半では，FFT アルゴリズムをプログラミングで実現してみよう。

4.1 離散フーリエ変換と離散逆フーリエ変換

4.1.1 離散フーリエ変換の定義

l を整数として周期 NT_s の離散時間信号

$$f\{(Nl+n)T_s\} = f(nT_s) \tag{4.1}$$

の**離散フーリエ変換** (discrete Fourier transform, DFT) $F(kf_0)$ を

$$F(kf_0) = \sum_{n=0}^{N-1} f(nT_s) W_N^{nk} \quad (k=0,1,2,\cdots,N-1) \tag{4.2}$$

と定義する。ここで，**回転子** (twiddle factor)

$$W_N = e^{-j2\pi/N} \tag{4.3}$$

は複素平面上の原点を中心とする単位円を N 等分した単位円周上の点を与えるために使用され，N 分割の回転子を使用する DFT を N 点 DFT と表記する．また

$$f_0 = \frac{1}{NT_s} \tag{4.4}$$

は**基本周波数**（fundamental frequency）である．kf_0 は第 k 次高調波周波数（k-th harmonic frequency）と呼ばれる．

$F(kf_0)$ は一般に複素数で

$$F(kf_0) = F_R(kf_0) + jF_I(kf_0) \tag{4.5}$$

と表現される．$F(kf_0)$ の大きさ

$$A(kf_0) = |F(kf_0)| = \sqrt{F_R(kf_0)^2 + F_I(kf_0)^2} \tag{4.6}$$

は**振幅スペクトル**（amplitude spectrum）と呼ばれている．また

$$\phi(kf_0) = \tan^{-1} \frac{F_I(kf_0)}{F_R(kf_0)} \tag{4.7}$$

は**位相スペクトル**（phase spectrum）と呼ばれている．$F(kf_0)$ は周波数 f_0 の関数であるので，スペクトルによって離散時間信号 $f(nT_s)$ の周波数成分を分析することができる．

4.1.2 直交変換

DFT において $k = 0$ から順に $F(kf_0)$，$n = 0$ から順に $f(nT_s)$ をそれぞれ縦に並べ，ベクトル $\boldsymbol{F}$ とベクトル $\boldsymbol{f}$ を

$$\left.\begin{array}{l} \boldsymbol{F} = \begin{pmatrix} F(0) & F(f_0) & F(2f_0) & \cdots & F\{(N-1)f_0\} \end{pmatrix}^T \\ \boldsymbol{f} = \begin{pmatrix} f(0) & f(T_s) & f(2T_s) & \cdots & f\{(N-1)T_s\} \end{pmatrix}^T \end{array}\right\} \tag{4.8}$$

のように定義すると，N 点 DFT を

$$\boldsymbol{F} = \boldsymbol{W}\boldsymbol{f} \tag{4.9}$$

と表現することができる。$\boldsymbol{W}$ は $N \times N$ の変換行列で

$$\boldsymbol{W} = \begin{pmatrix} W_N^0 & W_N^0 & W_N^0 & \cdots & W_N^0 \\ W_N^0 & W_N^1 & W_N^2 & \cdots & W_N^{N-1} \\ W_N^0 & W_N^2 & W_N^4 & \cdots & W_N^{2(N-1)} \\ \vdots & \vdots & \vdots & \ddots & \vdots \\ W_N^0 & W_N^{N-1} & W_N^{2(N-1)} & \cdots & W_N^{(N-1)^2} \end{pmatrix} \quad (4.10)$$

で与えられる。$\boldsymbol{W}$ は対称行列であるので，$\boldsymbol{W} = \boldsymbol{W}^T$ が成り立つ。$N \times N$ の単位行列を $\boldsymbol{I}_N$ で表記すると

$$\boldsymbol{W}^H \boldsymbol{W} = \boldsymbol{W} \boldsymbol{W}^H = N \boldsymbol{I}_N \quad (4.11)$$

が成立する。上付き添字 H は複素共役転置を表す。式 (4.11) の関係が成立するとき，$\boldsymbol{W}$ を**直交行列** (orthogonal matrix) と呼び，直交行列を用いた変換を**直交変換** (orthogonal transform) という。DFT は直交変換の一種である。

4.1.3 変換行列を用いた DFT

図 4.1 のように，アナログ信号 $f(t) = 1 + \sin(2\pi 250 t)$ を標本化周期 $T_s = 1 \times 10^{-3}$ 秒 で離散時間信号 $f(nT_s)$ に変換する。標本値列 $\{1, 2, 1, 0, 1, 2, 1, 0, 1, 2, 1, 0, \cdots\}$ より 4 サンプル周期で同じ系列が繰り返す。標本化周期 $T_s = 1 \times 10^{-3}$ 秒 を用いると，離散時間信号 $f(nT_s)$ の周期は $T = NT_s = 4 \times 10^{-3}$ 秒 となる。$N = 4$ として，行列表現を用いて周期 $4T_s$ の離散時間信号

$$f(nT_s) = 1 + \sin\left(\frac{2\pi}{NT_s} nT_s\right) = 1 + \sin\left(\frac{\pi}{2} n\right) \quad (4.12)$$

の DFT を求めてみよう。変換行列を用いると，4 点 DFT は

$$\begin{pmatrix} F(0) \\ F(f_0) \\ F(2f_0) \\ F(3f_0) \end{pmatrix} = \begin{pmatrix} f(0)W_4^0 + f(T_s)W_4^0 + f(2T_s)W_4^0 + f(3T_s)W_4^0 \\ f(0)W_4^0 + f(T_s)W_4^1 + f(2T_s)W_4^2 + f(3T_s)W_4^3 \\ f(0)W_4^0 + f(T_s)W_4^2 + f(2T_s)W_4^4 + f(3T_s)W_4^6 \\ f(0)W_4^0 + f(T_s)W_4^3 + f(2T_s)W_4^6 + f(3T_s)W_4^9 \end{pmatrix}$$

82   4. 高速フーリエ変換とスペクトル分析

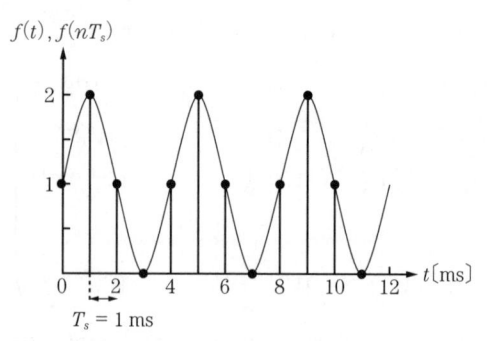

$f(nT_s)$: 1, 2, 1, 0, 1, 2, 1, 0, 1, 2, 1, 0, ...

図 4.1 周期 4 ms の信号 $f(t)$ とその標本値列 $f(nT_s)$

$$= \begin{pmatrix} W_4^0 & W_4^0 & W_4^0 & W_4^0 \\ W_4^0 & W_4^1 & W_4^2 & W_4^3 \\ W_4^0 & W_4^2 & W_4^4 & W_4^6 \\ W_4^0 & W_4^3 & W_4^6 & W_4^9 \end{pmatrix} \begin{pmatrix} f(0) \\ f(T_s) \\ f(2T_s) \\ f(3T_s) \end{pmatrix} \qquad (4.13)$$

と表現できる。W_4^{nk} の計算は一見大変そうであるが，オイラーの公式を用いて W_4^{nk} を

$$\begin{aligned} W_4^{nk} &= e^{-j\pi nk/2} \\ &= \cos\left(-\frac{\pi}{2}nk\right) + j\sin\left(-\frac{\pi}{2}nk\right) \\ &= \cos\left(\frac{\pi}{2}nk\right) - j\sin\left(\frac{\pi}{2}nk\right) \end{aligned} \qquad (4.14)$$

と表現し，時計方向に単位円周上の点を $nk\pi/2\,\mathrm{rad}$ ずつ等間隔に回転させることによって，図 4.2 に示すように W_4^{nk} の値を直接求めることができる。

つぎに，式 (4.12) の離散時間信号の周期 $T = NT_s = 4 \times 10^{-3}$ 秒を用いて基本周波数 f_0 が $f_0 = 1/T = 250\,\mathrm{Hz}$ と求まる。すなわち，式 (4.12) の離散時間信号には直流成分（式 (4.12) の右辺第 2 項）と 250 Hz の周波数成分が含まれていることになる。行列表現を用いると，式 (4.13) は

4.1 離散フーリエ変換と離散逆フーリエ変換

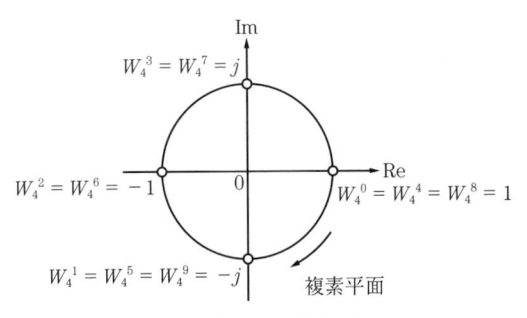

$$W_4^3 = W_4^7 = j$$
$$W_4^2 = W_4^6 = -1$$
$$W_4^0 = W_4^4 = W_4^8 = 1$$
$$W_4^1 = W_4^5 = W_4^9 = -j$$

複素平面

図 4.2 4点 DFT 用回転子 W_4

$$\begin{pmatrix} F(0) \\ F(250) \\ F(500) \\ F(750) \end{pmatrix} = \begin{pmatrix} 1 & 1 & 1 & 1 \\ 1 & W_4 & W_4^2 & W_4^3 \\ 1 & W_4^2 & W_4^4 & W_4^6 \\ 1 & W_4^3 & W_4^6 & W_4^9 \end{pmatrix} \begin{pmatrix} 1+\sin(0) \\ 1+\sin\left(\dfrac{\pi}{2}\right) \\ 1+\sin(\pi) \\ 1+\sin\left(\dfrac{3\pi}{2}\right) \end{pmatrix}$$

$$= \begin{pmatrix} 1 & 1 & 1 & 1 \\ 1 & -j & -1 & j \\ 1 & -1 & 1 & -1 \\ 1 & j & -1 & -j \end{pmatrix} \begin{pmatrix} 1 \\ 2 \\ 1 \\ 0 \end{pmatrix} = \begin{pmatrix} 4 \\ -j2 \\ 0 \\ j2 \end{pmatrix} \tag{4.15}$$

のように計算できる。振幅スペクトルを図 4.3 に示す。$F(0)$ と $F(250)$ の値から，式 (4.12) の離散時間信号には直流成分と 250 Hz の周波数成分が含まれていることが確認できる。なお，標本化周波数は 1 kHz であるので，500 Hz が取り扱うことができる離散時間信号の最高周波数である。

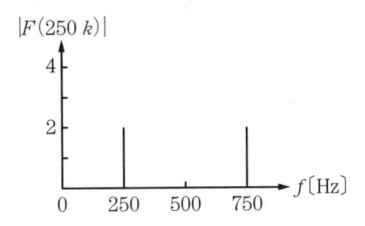

図 4.3 4点 DFT による $f(nT_s)=1+\sin(\pi n/2)$ の振幅スペクトル

4.1.4 DFT の 性 質

（**1**） 周 期 性　　l を整数とすると

$$e^{-j2\pi(Nl+k)n/N} = e^{-j2\pi ln}e^{-j2\pi kn/N} = e^{-j2\pi kn/N} \tag{4.16}$$

であるので，**周期性**（periodic）

$$\begin{aligned}F\{(Nl+k)f_0\} &= \sum_{n=0}^{N-1} f\{(Nl+n)T_s\}e^{-j2\pi(Nl+k)n/N} \\ &= \sum_{n=0}^{N-1} f(nT_s)e^{-j2\pi kn/N} = F(kf_0)\end{aligned} \tag{4.17}$$

が成立する。すなわち，$F(kf_0)$ は周期 Nf_0 の関数である。

（**2**） 対 称 性　　離散時間信号 $f(nT_s)$ が実数であるとすると

$$f(nT_s) = f(nT_s)^* \tag{4.18}$$

となるので，**対称性**（symmetry）

$$\begin{aligned}F\{(N-k)f_0\} &= \sum_{n=0}^{N-1} f(nT_s)e^{-j2\pi(N-k)n/N} = \sum_{n=0}^{N-1} f(nT_s)e^{j2\pi kn/N}e^{-j2\pi n} \\ &= \left\{\sum_{n=0}^{N-1} f(nT_s)e^{-j2\pi kn/N}\right\}^* = F(kf_0)^*\end{aligned} \tag{4.19}$$

が成立する。ここで，$*$ は複素共役を意味する。

（**3**）　パーセバルの公式

$$\begin{aligned}\left|F(kf_0)\right|^2 &= F(kf_0)F(kf_0)^* = \sum_{n=0}^{N-1} f(nT_s)W_N^{nk}W_N^{-nk}f(nT_s)^* \\ &= \sum_{n=0}^{N-1}\left|f(nT_s)\right|^2\end{aligned} \tag{4.20}$$

を用いると

$$\sum_{k=0}^{N-1}\left|F(kf_0)\right|^2 = \sum_{k=0}^{N-1}\sum_{n=0}^{N-1}\left|f(nT_s)\right|^2 = N\sum_{n=0}^{N-1}\left|f(nT_s)\right|^2 \tag{4.21}$$

が成り立つ。式 (4.21) は，離散時間信号のエネルギー

$$\sum_{n=0}^{N-1} \left| f(nT_s) \right|^2$$

が各周波数成分のエネルギーの平均値

$$\frac{1}{N} \sum_{k=0}^{N-1} \left| F(kf_0) \right|^2$$

に等しいことを示している。これを**パーセバルの公式**（Parseval's formula）という。

（4）循環推移　　周期 NT_s の離散時間信号 $f(nT_s)$ を mT_s 推移させた離散時間信号 $f\{(n+m)T_s\}$ は $f(nT_s)$ の**循環推移**（circular shift）と呼ばれる。このとき

$$F(kf_0) = \sum_{n=0}^{N-1} f(nT_s) W_N^{nk} \tag{4.22}$$

とすると，$f\{(n+m)T_s\}$ と W_N^{nk} はともに周期関数であるので

$$F(kf_0) = \sum_{n=0}^{N-1} f\{(n+m)T_s\} W_N^{(n+m)k} \tag{4.23}$$

が成立する。式 (4.23) を用いると，$f\{(n+m)T_s\}$ の DFT は

$$\sum_{n=0}^{N-1} f\{(n+m)T_s\} W_N^{nk} = W_N^{-mk} \sum_{n=0}^{N-1} f\{(n+m)T_s\} W_N^{(n+m)k}$$
$$= W_N^{-mk} F(kf_0) \tag{4.24}$$

となる。

（5）循環たたみ込み　　周期 NT_s の二つの離散時間信号 $x_1(nT_s), x_2(nT_s)$ のたたみ込み

$$y(nT_s) = \sum_{m=0}^{N-1} x_1(mT_s) x_2\{(n-m)T_s\} \tag{4.25}$$

から求めた $y(nT_s)$ もまた周期 NT_s の離散時間信号である．**方形窓**（rectangular window）

$$w_r(n) = \begin{cases} 1 & (0 \leq n \leq N-1) \\ 0 & (その他の n) \end{cases} \quad (4.26)$$

を用いると，$y(nT_s)$ から基本周期部分を

$$\begin{aligned}\tilde{y}(nT_s) &= y(nT_s)w_r(n) \\ &= \left[\sum_{m=0}^{N-1} x_1(mT_s)x_2\{(n-m)T_s\}\right]w_r(n)\end{aligned} \quad (4.27)$$

のように切り出すことができる．式 (4.27) は**循環たたみ込み**（circular convolution）と呼ばれている．図 4.4 に $y(nT_s)$ の切り出し過程を示す．図 4.4(a) に示す周期 $4T_s$ の波形が $y(nT_s)$ の波形であるとする．図 (b) に示す方形窓関数と $y(nT_s)$ を乗算すると，$y(nT_s)$ の基本周期部分を図 (c) に示すように切り出すことができる．

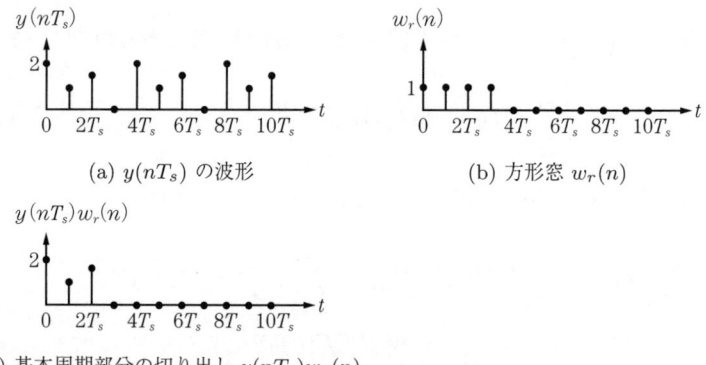

(a) $y(nT_s)$ の波形

(b) 方形窓 $w_r(n)$

(c) 基本周期部分の切り出し $y(nT_s)w_r(n)$

図 4.4 基本周期部分の切り出し

$x_2(nT_s)$ から切り出した基本周期部分の DFT を

$$\tilde{X}_2(kf_0) = \sum_{n=0}^{N-1} x_2(nT_s)w_r(n)W_N^{nk} \quad (k=0,1,\cdots,N-1) \quad (4.28)$$

とすると，循環推移を用いて $\tilde{y}(nT_s)$ の DFT を

4.1 離散フーリエ変換と離散逆フーリエ変換

$$\begin{aligned}
\tilde{Y}(kf_0) &= \sum_{n=0}^{N-1} \tilde{y}(nT_s) W_N^{nk} \\
&= \sum_{n=0}^{N-1} \left[\sum_{m=0}^{N-1} x_1(mT_s) x_2\{(n-m)T_s\} \right] w_r(n) W_N^{nk} \\
&= \sum_{m=0}^{N-1} x_1(mT_s) \sum_{n=0}^{N-1} x_2\{(n-m)T_s\} w_r(n) W_N^{nk} \\
&= \tilde{X}_2(kf_0) \sum_{m=0}^{N-1} x_1(mT_s) W_N^{mk} \quad (k=0,1,\cdots,N-1) \quad (4.29)
\end{aligned}$$

と表すことができる。$\tilde{X}_1(kf_0)$ を $x_1(nT_s)$ から切り出した基本周期部分

$$\tilde{x}_1(nT_s) = x_1(nT_s) w_r(n) \tag{4.30}$$

の DFT

$$\tilde{X}_1(kf_0) = \sum_{n=0}^{N-1} \tilde{x}_1(nT_s) W_N^{nk} \quad (k=0,1,\cdots,N-1) \tag{4.31}$$

とすると，$k = 0, 1, \cdots, N-1$ の k の範囲において $\tilde{X}_1(kf_0)$ は $x_1(nT_s)$ の基本周期部分 $(n = 0, 1, 2, \cdots, N-1)$ の DFT

$$X_1(kf_0) = \sum_{n=0}^{N-1} x_1(nT_s) W_N^{nk} \quad (k=0,1,\cdots,N-1) \tag{4.32}$$

に等しい。この関係を用いると，式 (4.29) は

$$\begin{aligned}
\tilde{Y}(kf_0) &= \tilde{X}_2(kf_0) \sum_{m=0}^{N-1} x_1(mT_s) W_N^{mk} \\
&= \tilde{X}_1(kf_0) \tilde{X}_2(kf_0) \quad (k=0,1,\cdots,N-1) \quad (4.33)
\end{aligned}$$

となる。このように，$\tilde{y}(nT_s)$ の DFT は $\tilde{X}_1(kf_0)$ と $\tilde{X}_2(kf_0)$ の積によって求めることができる。

4.1.5 離散逆フーリエ変換の定義

$F(kf_0)$ から離散時間信号 $f(nT_s)$ を求める**離散逆フーリエ変換**（inverse discrete Fourier transform, IDFT）を

$$f(nT_s) = \frac{1}{N} \sum_{k=0}^{N-1} F(kf_0) W_N^{-nk} \quad (n = 0, 1, 2, \cdots, N-1) \qquad (4.34)$$

と定義する。

4.1.6 変換行列を用いた IDFT

$N = 4$ として

$$\begin{pmatrix} F(0), & F(250), & F(500), & F(750) \end{pmatrix}^T = \begin{pmatrix} 4, & -j2, & 0, & j2 \end{pmatrix}^T \qquad (4.35)$$

の IDFT を求めてみよう。$n = 0$ から順に $f(nT_s)$ を縦に並べ，行列演算を用いて IDFT を

$$\begin{pmatrix} f(0) \\ f(T_s) \\ f(2T_s) \\ f(3T_s) \end{pmatrix} = \frac{1}{4} \begin{pmatrix} F(0)W_4^0 + F(f_0)W_4^0 + F(2f_0)W_4^0 + F(3f_0)W_4^0 \\ F(0)W_4^0 + F(f_0)W_4^{-1} + F(2f_0)W_4^{-2} + F(3f_0)W_4^{-3} \\ F(0)W_4^0 + F(f_0)W_4^{-2} + F(2f_0)W_4^{-4} + F(3f_0)W_4^{-6} \\ F(0)W_4^0 + F(f_0)W_4^{-3} + F(2f_0)W_4^{-6} + F(3f_0)W_4^{-9} \end{pmatrix}$$

$$= \frac{1}{4} \begin{pmatrix} W_4^0 & W_4^0 & W_4^0 & W_4^0 \\ W_4^0 & W_4^{-1} & W_4^{-2} & W_4^{-3} \\ W_4^0 & W_4^{-2} & W_4^{-4} & W_4^{-6} \\ W_4^0 & W_4^{-3} & W_4^{-6} & W_4^{-9} \end{pmatrix} \begin{pmatrix} F(0) \\ F(f_0) \\ F(2f_0) \\ F(3f_0) \end{pmatrix} \qquad (4.36)$$

と表現することができる。W_4^{-nk} の計算は W_4^{nk} の計算と同様に，オイラーの公式を用いて

$$W_4^{-nk} = e^{j\pi/2 nk} = \cos\left(\frac{\pi}{2}nk\right) + j\sin\left(\frac{\pi}{2}nk\right) \qquad (4.37)$$

と表現し，反時計方向に単位円周上の点を $nk\pi/2\,\mathrm{rad}$ ずつ等間隔に回転させることによって，図 **4.5** に示すように W_4^{-nk} の値を直接求めることができる。また，$f_0 = 250\,\mathrm{Hz}$ であるので，標本化周期 T_s は

$$T_s = \frac{1}{Nf_0} = 1 \times 10^{-3} \text{ 秒} \qquad (4.38)$$

4.1 離散フーリエ変換と離散逆フーリエ変換

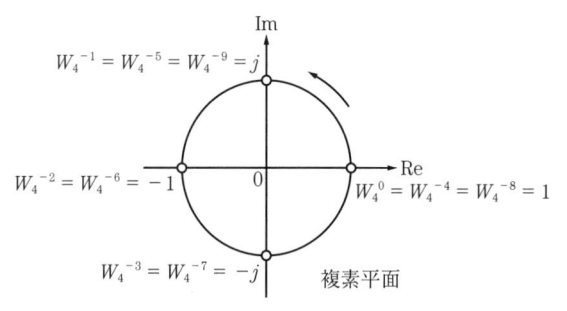

図 4.5 IDFT 用回転子 W_4^{-1}

となる。行列表現を用いると，$F(250k)$ の IDFT は

$$\begin{pmatrix} f(0) \\ f(1\times 10^{-3}) \\ f(2\times 10^{-3}) \\ f(3\times 10^{-3}) \end{pmatrix} = \frac{1}{4}\begin{pmatrix} 1 & 1 & 1 & 1 \\ 1 & W_4^{-1} & W_4^{-2} & W_4^{-3} \\ 1 & W_4^{-2} & W_4^{-4} & W_4^{-6} \\ 1 & W_4^{-3} & W_4^{-6} & W_4^{-9} \end{pmatrix}\begin{pmatrix} F(0) \\ F(250) \\ F(500) \\ F(750) \end{pmatrix}$$

$$= \frac{1}{4}\begin{pmatrix} 1 & 1 & 1 & 1 \\ 1 & j & -1 & -j \\ 1 & -1 & 1 & -1 \\ 1 & -j & -1 & j \end{pmatrix}\begin{pmatrix} 4 \\ -j2 \\ 0 \\ j2 \end{pmatrix}$$

$$= \begin{pmatrix} 1 \\ 2 \\ 1 \\ 0 \end{pmatrix}^T \tag{4.39}$$

のように計算できる。このように，IDFT によって離散時間信号 $f(nT_s)$ が復元できることが確認できた。

4.1.7 C 言語による DFT と IDFT のプログラミング

（1）**DFT のプログラム**　　DFT のプログラムでは，複素数表示した離散時間信号 $f_R(nT_s)+jf_I(nT_s)$ の DFT を実数部

$$F_R(kf_0) = \sum_{n=0}^{N-1} \left\{ f_R(nT_s) \cos\left(\frac{2\pi}{N}nk\right) + f_I(nT_s) \sin\left(\frac{2\pi}{N}nk\right) \right\} \quad (4.40)$$

と虚数部

$$F_I(kf_0) = \sum_{n=0}^{N-1} \left\{ f_I(nT_s) \cos\left(\frac{2\pi}{N}nk\right) - f_R(nT_s) \sin\left(\frac{2\pi}{N}nk\right) \right\} \quad (4.41)$$

に分けて計算する．式 (4.12) に示す周期離散時間信号の DFT を実行するプログラムを図 **4.6** と図 **4.7** に示す．つぎに，プログラムの内容を順番に説明する．なお，プログラムでは，$F(kf_0)$ の基本周波数表示を省略した表示方法 $F(k)$ と $f(nT_s)$ の標本化周期表示を省略した表示方法 $f(n)$ を使用している．

dft.cpp

① ANSI C 標準ライブラリ関数を指定する．
```
#include <math.h>  // ANSI C 標準ライブラリ関数の指定
#include <stdio.h> // ANSI C 標準ライブラリ関数の指定
```

② 構造体により複素数型 COMPLEX を宣言する．
```
typedef struct{
  double real;
  double imag;
} COMPLEX;
```

③ 関数 multiplication(COMPLEX a, COMPLEX b) で複素数 a と複素数 b を乗算して，乗算結果を返す．
```
COMPLEX multiplication(COMPLEX a, COMPLEX b){
  COMPLEX c; // 変数 c を 64 ビットの複素数型で宣言
  c.real = a.real*b.real-a.imag*b.imag; //実数部の乗算
  c.imag = a.real*b.imag+a.imag*b.real; //虚数部の乗算
  return c; // c を返す．
}
```

④ ベクトル sf[4]，lf[4] と行列 w[4][4] を配列で宣言して，零に初期化する．
```
COMPLEX sf[4]={0.0};  //配列 sf[4] を 64 ビットの複素数型で宣言して，"0" に初期化
```

4.1 離散フーリエ変換と離散逆フーリエ変換   91

―――――― プログラム 4-1 (dft.cpp) ――――――

```
1  #include "stdafx.h"
2  #include <math.h>   // ANSI C 標準ライブラリ関数の指定
3  #include <stdio.h>  // ANSI C 標準ライブラリ関数の指定
4  #include <conio.h>
5
6  typedef struct{   // 構造体による複素数型の宣言
7    double real;
8    double imag;
9  } COMPLEX;
10
11 COMPLEX multiplication(COMPLEX a, COMPLEX b){
12   COMPLEX c; // 配列 c を 64 ビットの複素数型で宣言
13   c.real=a.real*b.real-a.imag*b.imag;  //複素数 a と b の実数部の乗算
14   c.imag=a.real*b.imag+a.imag*b.real;  //複素数 a と b の虚数部の乗算
15   return c;   // c を返す。
16 }
17
18 int _tmain(int argc, _TCHAR* argv[]){
19   int n;
20   double ts;
21
22   double pi=acos(-1.0);   // 円周率の算出
23   printf(" Ts [second] = ");   // サンプリング周期の入力
24   scanf("%f",&ts);
25   printf(" N = ");    // 分割数の入力
26   scanf("%d",&n);
27
28   COMPLEX sf[4]={0.0};   // 配列 sf[4] を 64 ビットの複素数型で宣言し
29   て, "0" に初期化
30   COMPLEX lf[4]={0.0};   // 配列 lf[4] を 64 ビットの複素数型で宣言し
31   て, "0" に初期化
32   COMPLEX w[4][4];   // 配列 w[4][4] を 64 ビットの複素数型で宣言
33   double f0=1.0/((double)n*ts);   // 基本周波数の計算
34   double omega = -2.0*pi/(double)n;   // 回転子の設定
35
36   for (int i=0;i<n; i++){
37     for (int j=0; j<n; j++){
38       double theta = (double)i*(double)j*omega;
39       w[i][j].real = cos(theta);   // 変換 i 行 j 列の要素の実数部の設定
40       w[i][j].imag = sin(theta);   // 変換 i 行 j 列の要素の虚数部の設定
```

図 4.6   DFT のプログラム

―――――― プログラム 4-2 (dft.cpp) ――――――
```
41       }
42     }
43
44     for (int i=0; i<n; i++)
45       sf[i].real = 1.0+sin(2.0*pi*250.0*(double)i*ts);  // 離散時間信号
46
47     for (int i=0; i<n; i++){
48       for (int j=0; j<n; j++){
49         COMPLEX multi = multiplication(w[i][j], sf[j]);   // 複素数の積
50         lf[i].real += multi.real;   // 行列とベクトルの積（実数）
51         lf[i].imag += multi.imag;   // 行列とベクトルの積（虚数）
52       }
53     }
54
55     printf("\n");
56     printf("f [Hz] FR(kf0) FI(kf0) |F(kf0)| \n");
57     for (int i=0; i<n; i++){
58       double spt = sqrt(lf[i].real*lf[i].real+lf[i].imag*lf[i].imag);
59       printf("%6.1f%8.2f%8.2f%9.2f\n",f0*(double)i,lf[i].real,lf[i].imag,
60  spt);  // 結果表示
61     }
62     getch();  // プログラムの終了直前のポーズ機能
63     return 0;
64   }
```

図 4.7 DFT のプログラム (つづき)

  COMPLEX lf[4]={0.0};　//配列 lf[4] を 64 ビットの複素数型で宣言して, "0" に初期化
  COMPLEX w[4][4];　//配列 w[4][4] を 64 ビットの複素数型で宣言

⑤ 基本周波数 f0 を計算する。
  double f0=1.0/((double)n*ts);　　// 基本周波数の計算

⑥ 回転子を設定し，変換行列の要素を設定する。
  double omega = -2.0*pi/(double)n;　　// 回転子の設定
  for (int i=0;i<n; i++){
   for (int j=0; j<n; j++){
    double theta = (double)i*(double)j*omega;
    w[i][j].real = cos(theta);　// 変換行 j 列の要素の実数部の設定

```
        w[i][j].imag = sin(theta); // 変換 i 行 j 列の要素の
虚数部の設定
    }
}
```

⑦ n 個の離散時間信号 $f(nT_s)1 + \sin(2\pi 250 nT_s)$ を sf[i].real に記憶する。離散時間信号は実数なので，虚数部 sfi[i] は零に設定している。n は分割数を示している。

```
for (int i=0; i<n; i++)
    sf[i].real = 1.0+sin(2.0*pi*250.0*(double)i*ts);
    // 離散時間信号
```

⑧ 変換行列 w[i][j] とベクトル sf[j] を乗算して，乗算結果を lf[i] に記憶する。

```
for (int i=0; i<n; i++){
    for (int j=0; j<n; j++){
        COMPLEX multi=multiplication(w[i][j],sf[j]); //複素数の積
        lf[i].real+=multi.real; //行列とベクトルの積（実数）
        lf[i].imag+=multi.imag; //行列とベクトルの積（虚数）
    }
}
```

図 4.6 と図 4.7 を実行して，標本化周期 $T_s = 0.001$ 秒と単位円の分割数 $N = 4$ をそれぞれ入力する。プログラムの実行結果を**図 4.8** に示す。実行結果は式 (4.15) と一致することが確認できる。

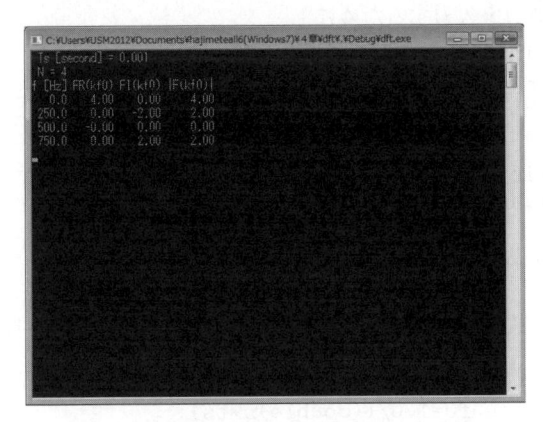

図 **4.8** 4 点 DFT のプログラムの実行結果

（**2**） **IDFTのプログラム**　　IDFTのプログラムでは, 式(4.34)を実数部

$$f_R(nT_s) = \frac{1}{N}\left\{\sum_{k=0}^{N-1} F_R(kf_0)\cos\left(\frac{2\pi}{N}nk\right) - F_I(kf_0)\sin\left(\frac{2\pi}{N}nk\right)\right\} \quad (4.42)$$

と虚数部

$$f_I(nT_s) = \frac{1}{N}\left\{\sum_{k=0}^{N-1} F_I(kf_0)\cos\left(\frac{2\pi}{N}nk\right) + F_R(kf_0)\sin\left(\frac{2\pi}{N}nk\right)\right\} \quad (4.43)$$

に分けて計算する。入力信号としては, 式(4.35)に示す信号を採用する。つぎに示す変更を図4.6と図4.7に示したDFTのプログラムに加える。なお, プログラムでは, $F(kf_0)$ の基本周波数表示を省略した表示方法 $F(k)$ と $f(nT_s)$ の標本化周期表示を省略した表示方法 $f(n)$ を使用している。

idft.exe

① IDFTのプログラムで基本周波数を取り扱うために
```
double ts;
```
を
```
double f0;
```
に変更する。

② 基本周波数を入力するために
```
printf(" Ts [second] = ");
scanf("%lf",&ts);
```
を
```
printf(" f0 [Hz] = ");
scanf("%lf",&f0);
```
に変更する。

③ 基本周波数と分割数から標本化周期を計算し, 回転子を半時計方向に回転させるために
```
double f0=1.0/((double)n*ts);
double omega = -2.0*pi/(double)n;
```

4.1 離散フーリエ変換と離散逆フーリエ変換

```
    double ts=1/((float)n*f0);  // 標本化周期の計算
    double omega = 2.0*pi/(double)n;  // 回転子の設定
```

に変更する。

④　$F(kf_0)$ を入力するために，N 個の離散時間信号を発生させる行

```
    for (int i=0; i<n; i++)
      sf[i].real = 1.0+sin(2.0*pi*250.0*(double)i*ts);
```

を

```
    for (int i=0; i<n; i++){
      printf(" Fr(%6.1f) = ",(float)i*f0);  // 実数部の入力
      scanf("%lf",&sf[i].real);
      printf(" Fi(%6.1f) = ",(float)i*f0);  // 虚数部の入力
      scanf("%lf",&sf[i].imag);
    }
```

に変更する。

⑤　$1/N$ を乗算するために

```
    for (int i=0; i<n; i++){
      for (int j=0; j<n; j++){
        COMPLEX multi = multiplication(w[i][j], sf[j]);
        lf[i].real += multi.real;
        lf[i].imag += multi.imag;
      }
    }
```

を

```
    for (int i=0; i<n; i++){
      for (int j=0; j<n; j++){
        COMPLEX multi = multiplication(w[i][j], sf[j]);
        lf[i].real += multi.real;
        lf[i].imag += multi.imag;
      }
      lf[i].real /= (double)n;
      lf[i].imag /= (double)n;
    }
```

のように変更する。

⑥　$f(nT_s)$ を表示するために

```
printf("f [Hz] FR(kf0) FI(kf0) |F(kf0)| \n");
for (int i=0; i<n; i++){
  double spt = sqrt(lf[i].real*lf[i].real+lf[i].imag
*lf[i].imag);
  printf("%6.1f%8.2f%8.2f%9.2f\n",f0*(double)i,lf[i].
real,lf[i].imag,spt);
}
```

を

```
printf("t [second] fR(nTs) fI(nTs) \n");
for (int i=0; i<n; i++){
  double f=ts*(double)i;
  printf("%10.3f%8.2f%8.2f\n",f,lf[i].real,lf[i].
  imag);
}
```

に変更する。

変更後のプログラムを実行して，基本周波数 $f_0 = 250\,\mathrm{Hz}$，単位円の分割数 $N = 4$，$F(250k)$ の実数部と虚数部の値をそれぞれ入力する。プログラムの実行結果を図 4.9 に示す。実行結果は式 (4.39) と一致することが確認できる。

図 4.9　4 点 IDFT のプログラムの実行結果

4.2 高速フーリエ変換と高速逆フーリエ変換

DFT は $N \times N$ の変換行列と $N \times 1$ のベクトルの積で,その演算量は複素乗算回数 N^2 と複素加算回数 $N(N-1)$ である。N が大きくなると,DFT の演算回数は大幅に増加する。後述するスペクトル分析では,大きな回転子分割数 N が周波数分解能を上げて精度よく周波数分析を行うためにしばしば使用される。また,音声等のスペクトル分析においては実時間処理も要求される。しかし,DFT では N を大きな値に設定すると,取り扱うデータ数が増すために演算量は N^2 のオーダーで増大する。このような相反する要求を満たすために開発された**高速フーリエ変換**(fast Fourier transform, FFT)は,演算量を低減させ実時間処理を可能にした DFT である。

4.2.1 FFT の 導 入

c を正の整数として単位円の分割数を $N = 2^c$ とする。$c = 3$ のとき,8×8 の変換行列を用いた 8 点 DFT は

$$\begin{pmatrix} F(0) \\ F(f_0) \\ F(2f_0) \\ F(3f_0) \\ F(4f_0) \\ F(5f_0) \\ F(6f_0) \\ F(7f_0) \end{pmatrix} = \begin{pmatrix} W_8^0 & W_8^0 & W_8^0 & W_8^0 & W_8^0 & W_8^0 & W_8^0 & W_8^0 \\ W_8^0 & W_8^1 & W_8^2 & W_8^3 & W_8^4 & W_8^5 & W_8^6 & W_8^7 \\ W_8^0 & W_8^2 & W_8^4 & W_8^6 & W_8^8 & W_8^{10} & W_8^{12} & W_8^{14} \\ W_8^0 & W_8^3 & W_8^6 & W_8^9 & W_8^{12} & W_8^{15} & W_8^{18} & W_8^{21} \\ W_8^0 & W_8^4 & W_8^8 & W_8^{12} & W_8^{16} & W_8^{20} & W_8^{24} & W_8^{28} \\ W_8^0 & W_8^5 & W_8^{10} & W_8^{15} & W_8^{20} & W_8^{25} & W_8^{30} & W_8^{35} \\ W_8^0 & W_8^6 & W_8^{12} & W_8^{18} & W_8^{24} & W_8^{30} & W_8^{36} & W_8^{42} \\ W_8^0 & W_8^7 & W_8^{14} & W_8^{21} & W_8^{28} & W_8^{35} & W_8^{42} & W_8^{49} \end{pmatrix} \begin{pmatrix} f(0) \\ f(T_s) \\ f(2T_s) \\ f(3T_s) \\ f(4T_s) \\ f(5T_s) \\ f(6T_s) \\ f(7T_s) \end{pmatrix} \quad (4.44)$$

で与えられる。順列行列を用いると,DFT 後,ベクトルの要素を

$$\begin{pmatrix} F(0) \\ F(4f_0) \\ F(2f_0) \\ F(6f_0) \\ F(f_0) \\ F(5f_0) \\ F(3f_0) \\ F(7f_0) \end{pmatrix} = \begin{pmatrix} 1 & 0 & 0 & 0 & 0 & 0 & 0 & 0 \\ 0 & 0 & 0 & 0 & 1 & 0 & 0 & 0 \\ 0 & 0 & 1 & 0 & 0 & 0 & 0 & 0 \\ 0 & 0 & 0 & 0 & 0 & 0 & 1 & 0 \\ 0 & 1 & 0 & 0 & 0 & 0 & 0 & 0 \\ 0 & 0 & 0 & 0 & 0 & 1 & 0 & 0 \\ 0 & 0 & 0 & 1 & 0 & 0 & 0 & 0 \\ 0 & 0 & 0 & 0 & 0 & 0 & 0 & 1 \end{pmatrix} \begin{pmatrix} F(0) \\ F(f_0) \\ F(2f_0) \\ F(3f_0) \\ F(4f_0) \\ F(5f_0) \\ F(6f_0) \\ F(7f_0) \end{pmatrix} \quad (4.45)$$

のように入れ替えることができる。式 (4.45) の右辺に式 (4.44) を代入すると

$$\begin{pmatrix} F(0) \\ F(4f_0) \\ F(2f_0) \\ F(6f_0) \\ \hline F(f_0) \\ F(5f_0) \\ F(3f_0) \\ F(7f_0) \end{pmatrix} = \left(\begin{array}{cccc|cccc} W_8^0 & W_8^0 & W_8^0 & W_8^0 & W_8^0 & W_8^0 & W_8^0 & W_8^0 \\ W_8^0 & W_8^4 & W_8^8 & W_8^{12} & W_8^{16} & W_8^{20} & W_8^{24} & W_8^{28} \\ W_8^0 & W_8^2 & W_8^4 & W_8^6 & W_8^8 & W_8^{10} & W_8^{12} & W_8^{14} \\ W_8^0 & W_8^6 & W_8^{12} & W_8^{18} & W_8^{24} & W_8^{30} & W_8^{36} & W_8^{42} \\ \hline W_8^0 & W_8^1 & W_8^2 & W_8^3 & W_8^4 & W_8^5 & W_8^6 & W_8^7 \\ W_8^0 & W_8^5 & W_8^{10} & W_8^{15} & W_8^{20} & W_8^{25} & W_8^{30} & W_8^{35} \\ W_8^0 & W_8^3 & W_8^6 & W_8^9 & W_8^{12} & W_8^{15} & W_8^{18} & W_8^{21} \\ W_8^0 & W_8^7 & W_8^{14} & W_8^{21} & W_8^{28} & W_8^{35} & W_8^{42} & W_8^{49} \end{array} \right) \begin{pmatrix} f(0) \\ f(T_s) \\ f(2T_s) \\ f(3T_s) \\ f(4T_s) \\ f(5T_s) \\ f(6T_s) \\ f(7T_s) \end{pmatrix} \quad (4.46)$$

を得る。式 (4.46) の 8×8 の行列を区分けして,四つの 4×4 のブロック行列

$$\boldsymbol{A} = \begin{pmatrix} W_8^0 & W_8^0 & W_8^0 & W_8^0 \\ W_8^0 & W_8^4 & W_8^8 & W_8^{12} \\ W_8^0 & W_8^2 & W_8^4 & W_8^6 \\ W_8^0 & W_8^6 & W_8^{12} & W_8^{18} \end{pmatrix}, \quad \boldsymbol{B} = \begin{pmatrix} W_8^0 & W_8^0 & W_8^0 & W_8^0 \\ W_8^{16} & W_8^{20} & W_8^{24} & W_8^{28} \\ W_8^8 & W_8^{10} & W_8^{12} & W_8^{14} \\ W_8^{24} & W_8^{30} & W_8^{36} & W_8^{42} \end{pmatrix} \quad (4.47)$$

$$\boldsymbol{C} = \begin{pmatrix} W_8^0 & W_8^1 & W_8^2 & W_8^3 \\ W_8^0 & W_8^5 & W_8^{10} & W_8^{15} \\ W_8^0 & W_8^3 & W_8^6 & W_8^9 \\ W_8^0 & W_8^7 & W_8^{14} & W_8^{21} \end{pmatrix}, \quad \boldsymbol{D} = \begin{pmatrix} W_8^4 & W_8^5 & W_8^6 & W_8^7 \\ W_8^{20} & W_8^{25} & W_8^{30} & W_8^{35} \\ W_8^{12} & W_8^{15} & W_8^{18} & W_8^{21} \\ W_8^{28} & W_8^{35} & W_8^{42} & W_8^{49} \end{pmatrix} \quad (4.48)$$

を用いて表現する．B は図 **4.10** の回転子 W_8 の値より $B = A$ となる．また，ブロック行列 D の第 1 列の要素は，W_8 の指数が奇数 k と 4 の積で表され，$W_8^{4k} = \left(W_8^4\right)^k = (-1)^k = -1 = -W_8^0$ を得る．第 2 列, 3 列, 4 列についても同様な結果が得られ，$D = -C$ となる．これらの結果

$$\begin{pmatrix} A & B \\ C & D \end{pmatrix} = \begin{pmatrix} A & A \\ C & -C \end{pmatrix}$$

$$= \begin{pmatrix} A & \mathbf{0}_4 \\ \mathbf{0}_4 & C \end{pmatrix} \begin{pmatrix} I_4 & I_4 \\ I_4 & -I_4 \end{pmatrix} \tag{4.49}$$

のようにブロック行列 B, D を用いることなく式 (4.46) の 8×8 の行列を簡単に表現することができる．I_4 は 4×4 の単位行列，$\mathbf{0}_4$ はすべての要素が零の 4×4 の零行列をそれぞれ表す．

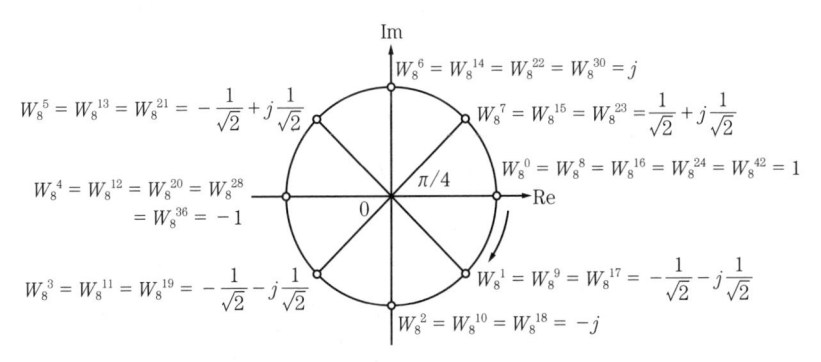

図 **4.10** 8 点 DFT 用回転子 W_8

また，対角行列 E を

$$E = \begin{pmatrix} W_8^0 & 0 & 0 & 0 \\ 0 & W_8^1 & 0 & 0 \\ 0 & 0 & W_8^2 & 0 \\ 0 & 0 & 0 & W_8^3 \end{pmatrix}$$

$$= \mathrm{diag}\begin{pmatrix} W_8^0 & W_8^1 & W_8^2 & W_8^3 \end{pmatrix} \tag{4.50}$$

と定義すると

$$C = \begin{pmatrix} W_8^0 & W_8^1 & W_8^2 & W_8^3 \\ W_8^0 & W_8^5 & W_8^{10} & W_8^{15} \\ W_8^0 & W_8^3 & W_8^6 & W_8^9 \\ W_8^0 & W_8^7 & W_8^{14} & W_8^{21} \end{pmatrix}$$

$$= \begin{pmatrix} W_8^0 & W_8^0 & W_8^0 & W_8^0 \\ W_8^0 & W_8^4 & W_8^8 & W_8^{12} \\ W_8^0 & W_8^2 & W_8^4 & W_8^6 \\ W_8^0 & W_8^6 & W_8^{12} & W_8^{18} \end{pmatrix} \begin{pmatrix} W_8^0 & 0 & 0 & 0 \\ 0 & W_8^1 & 0 & 0 \\ 0 & 0 & W_8^2 & 0 \\ 0 & 0 & 0 & W_8^3 \end{pmatrix}$$

$$= AE \tag{4.51}$$

のように行列 C を行列 A を用いて表現することができ，式 (4.46) の 8×8 の行列は行列 A，対角行列 E，単位行列 I_4，零行列 0_4 を用いて

$$\begin{pmatrix} A & A \\ C & -C \end{pmatrix} = \begin{pmatrix} A & 0_4 \\ 0_4 & C \end{pmatrix} \begin{pmatrix} I_4 & I_4 \\ I_4 & -I_4 \end{pmatrix}$$

$$= \begin{pmatrix} A & 0_4 \\ 0_4 & AE \end{pmatrix} \begin{pmatrix} I_4 & I_4 \\ I_4 & -I_4 \end{pmatrix}$$

$$= \begin{pmatrix} A & 0_4 \\ 0_4 & A \end{pmatrix} \begin{pmatrix} I_4 & 0_4 \\ 0_4 & E \end{pmatrix} \begin{pmatrix} I_4 & I_4 \\ I_4 & -I_4 \end{pmatrix} \tag{4.52}$$

とさらに簡単に表現することができる。

同様に，行列 F と対角行列 G をそれぞれ

$$F = \begin{pmatrix} W_8^0 & W_8^0 \\ W_8^0 & W_8^4 \end{pmatrix} = \begin{pmatrix} 1 & 1 \\ 1 & -1 \end{pmatrix}, \quad G = \mathrm{diag}\begin{pmatrix} W_8^0 & W_8^2 \end{pmatrix} \tag{4.53}$$

と定義すると，行列 A は

4.2 高速フーリエ変換と高速逆フーリエ変換

$$A = \begin{pmatrix} W_8^0 & W_8^0 & W_8^0 & W_8^0 \\ W_8^0 & W_8^4 & W_8^8 & W_8^{12} \\ \hline W_8^0 & W_8^2 & W_8^4 & W_8^6 \\ W_8^0 & W_8^6 & W_8^{12} & W_8^{18} \end{pmatrix}$$

$$= \begin{pmatrix} W_8^0 & W_8^0 & 0 & 0 \\ W_8^0 & W_8^4 & 0 & 0 \\ \hline 0 & 0 & W_8^0 & W_8^2 \\ 0 & 0 & W_8^0 & W_8^6 \end{pmatrix} \begin{pmatrix} 1 & 0 & 1 & 0 \\ 0 & 1 & 0 & 1 \\ \hline 1 & 0 & -1 & 0 \\ 0 & 1 & 0 & -1 \end{pmatrix}$$

$$= \begin{pmatrix} W_8^0 & W_8^0 & 0 & 0 \\ W_8^0 & W_8^4 & 0 & 0 \\ \hline 0 & 0 & W_8^0 & W_8^0 \\ 0 & 0 & W_8^0 & W_8^4 \end{pmatrix} \begin{pmatrix} 1 & 0 & 0 & 0 \\ 0 & 1 & 0 & 0 \\ \hline 0 & 0 & W_8^0 & 0 \\ 0 & 0 & 0 & W_8^2 \end{pmatrix} \begin{pmatrix} 1 & 0 & 1 & 0 \\ 0 & 1 & 0 & 1 \\ \hline 1 & 0 & -1 & 0 \\ 0 & 1 & 0 & -1 \end{pmatrix}$$

$$= \begin{pmatrix} \boldsymbol{F} & \boldsymbol{0}_2 \\ \boldsymbol{0}_2 & \boldsymbol{F} \end{pmatrix} \begin{pmatrix} \boldsymbol{I}_2 & \boldsymbol{0}_2 \\ \boldsymbol{0}_2 & \boldsymbol{G} \end{pmatrix} \begin{pmatrix} \boldsymbol{I}_2 & \boldsymbol{I}_2 \\ \boldsymbol{I}_2 & -\boldsymbol{I}_2 \end{pmatrix} \tag{4.54}$$

のように簡単に表現することができる。$\boldsymbol{I}_2$ は 2×2 の単位行列,$\boldsymbol{0}_2$ はすべての要素が零の 2×2 の零行列をそれぞれ表す。なお,$\boldsymbol{F}$ は 2 点 DFT の変換行列と一致する。

式 (4.54) を式 (4.52) に代入した後,その結果を式 (4.46) に代入すると

$$\begin{pmatrix} F(0) \\ F(4f_0) \\ \hline F(2f_0) \\ F(6f_0) \\ \hline F(f_0) \\ F(5f_0) \\ \hline F(3f_0) \\ F(7f_0) \end{pmatrix} = \begin{pmatrix} W_8^0 W_8^0 & W_8^0 & W_8^0 & W_8^0 & W_8^0 & W_8^0 & W_8^0 \\ W_8^0 W_8^4 & W_8^8 & W_8^{12} & W_8^{16} & W_8^{20} & W_8^{24} & W_8^{28} \\ \hline W_8^0 W_8^2 & W_8^4 & W_8^6 & W_8^8 & W_8^{10} & W_8^{12} & W_8^{14} \\ W_8^0 W_8^6 & W_8^{12} & W_8^{18} & W_8^{24} & W_8^{30} & W_8^{36} & W_8^{42} \\ \hline W_8^0 W_8^1 & W_8^2 & W_8^3 & W_8^4 & W_8^5 & W_8^6 & W_8^7 \\ W_8^0 W_8^5 & W_8^{10} & W_8^{15} & W_8^{20} & W_8^{25} & W_8^{30} & W_8^{35} \\ \hline W_8^0 W_8^3 & W_8^6 & W_8^9 & W_8^{12} & W_8^{15} & W_8^{18} & W_8^{21} \\ W_8^0 W_8^7 & W_8^{14} & W_8^{21} & W_8^{28} & W_8^{35} & W_8^{42} & W_8^{49} \end{pmatrix} \begin{pmatrix} f(0) \\ f(T_s) \\ f(2T_s) \\ f(3T_s) \\ f(4T_s) \\ f(5T_s) \\ f(6T_s) \\ f(7T_s) \end{pmatrix}$$

$$= \underbrace{\begin{pmatrix} 1 & 1 & 0 & 0 & 0 & 0 & 0 & 0 \\ 1 & -1 & 0 & 0 & 0 & 0 & 0 & 0 \\ 0 & 0 & 1 & 1 & 0 & 0 & 0 & 0 \\ 0 & 0 & 1 & -1 & 0 & 0 & 0 & 0 \\ 0 & 0 & 0 & 0 & 1 & 1 & 0 & 0 \\ 0 & 0 & 0 & 0 & 1 & -1 & 0 & 0 \\ 0 & 0 & 0 & 0 & 0 & 0 & 1 & 1 \\ 0 & 0 & 0 & 0 & 0 & 0 & 1 & -1 \end{pmatrix}}_{\text{第 3 区間}}$$

$$\cdot \underbrace{\begin{pmatrix} 1 & 0 & 0 & 0 & 0 & 0 & 0 & 0 \\ 0 & 1 & 0 & 0 & 0 & 0 & 0 & 0 \\ 0 & 0 & W_8^0 & 0 & 0 & 0 & 0 & 0 \\ 0 & 0 & 0 & W_8^2 & 0 & 0 & 0 & 0 \\ 0 & 0 & 0 & 0 & 1 & 0 & 0 & 0 \\ 0 & 0 & 0 & 0 & 0 & 1 & 0 & 0 \\ 0 & 0 & 0 & 0 & 0 & 0 & W_8^0 & 0 \\ 0 & 0 & 0 & 0 & 0 & 0 & 0 & W_8^2 \end{pmatrix} \begin{pmatrix} 1 & 0 & 1 & 0 & 0 & 0 & 0 & 0 \\ 0 & 1 & 0 & 1 & 0 & 0 & 0 & 0 \\ 1 & 0 & -1 & 0 & 0 & 0 & 0 & 0 \\ 0 & 1 & 0 & -1 & 0 & 0 & 0 & 0 \\ 0 & 0 & 0 & 0 & 1 & 0 & 1 & 0 \\ 0 & 0 & 0 & 0 & 0 & 1 & 0 & 1 \\ 0 & 0 & 0 & 0 & 1 & 0 & -1 & 0 \\ 0 & 0 & 0 & 0 & 0 & 1 & 0 & -1 \end{pmatrix}}_{\text{第 2 区間}}$$

$$\cdot \underbrace{\begin{pmatrix} 1 & 0 & 0 & 0 & 0 & 0 & 0 & 0 \\ 0 & 1 & 0 & 0 & 0 & 0 & 0 & 0 \\ 0 & 0 & 1 & 0 & 0 & 0 & 0 & 0 \\ 0 & 0 & 0 & 1 & 0 & 0 & 0 & 0 \\ 0 & 0 & 0 & 0 & W_8^0 & 0 & 0 & 0 \\ 0 & 0 & 0 & 0 & 0 & W_8^1 & 0 & 0 \\ 0 & 0 & 0 & 0 & 0 & 0 & W_8^2 & 0 \\ 0 & 0 & 0 & 0 & 0 & 0 & 0 & W_8^3 \end{pmatrix} \begin{pmatrix} 1 & 0 & 0 & 0 & 1 & 0 & 0 & 0 \\ 0 & 1 & 0 & 0 & 0 & 1 & 0 & 0 \\ 0 & 0 & 1 & 0 & 0 & 0 & 1 & 0 \\ 0 & 0 & 0 & 1 & 0 & 0 & 0 & 1 \\ 1 & 0 & 0 & 0 & -1 & 0 & 0 & 0 \\ 0 & 1 & 0 & 0 & 0 & -1 & 0 & 0 \\ 0 & 0 & 1 & 0 & 0 & 0 & -1 & 0 \\ 0 & 0 & 0 & 1 & 0 & 0 & 0 & -1 \end{pmatrix}}_{\text{第 1 区間}} \begin{pmatrix} f(0) \\ f(T_s) \\ f(2T_s) \\ f(3T_s) \\ f(4T_s) \\ f(5T_s) \\ f(6T_s) \\ f(7T_s) \end{pmatrix} \quad (4.55)$$

を得る。行列の下に表記した区間はバタフライ区間を表す。バタフライ区間については次項で述べる。

4.2.2 バタフライ演算と FFT アルゴリズム

式 (4.55) のように FFT は複数個の行列の積で表現される。$N = 2^c$ のとき,

行列の総数は $2\log_2 N - 1 = 2c - 1$ となる．このうち，奇数番目の行列は

$$\begin{pmatrix} I_m & I_m \\ I_m & -I_m \end{pmatrix}$$

の形，または，これを主対角線に沿って繰り返した形をしている．偶数番目の行列は対角行列で，$N/2$ 個の要素が回転子 W_N^k，残りの $N/2$ 個の要素は 1 である．奇数番目とそのつぎの偶数番目の行列演算は**バタフライ演算**（butterfly）

$$y_1 = x_1 + x_2, \quad y_2 = (x_1 - x_2)W_N^k \tag{4.56}$$

の $N/2$ 個の集合によって実現できる．ここで，複素数 x_1, x_2 を入力，複素数 y_1, y_2 を出力としている．図 **4.11** にバタフライ演算を示す．バタフライ演算の集合をバタフライ区間といい，FFT を実行するために必要な総バタフライ区間数は

$$c = \log_2 N \tag{4.57}$$

である[†1]．

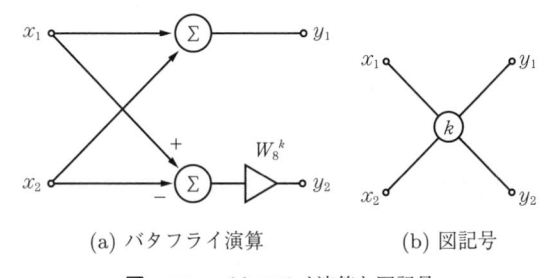

(a) バタフライ演算　　　(b) 図記号

図 **4.11**　バタフライ演算と図記号

バタフライ演算を用いると，式 (4.55) は図 **4.12** の手順で計算することができる．この計算手順は**周波数間引き FFT アルゴリズム**（decimation-in-frequency FFT）あるいは **FFT アルゴリズム**（FFT algorithm）と呼ばれている[†2]．

[†1] 最終区間は奇数番目の行列のみでバタフライ区間を構成する．この区間では，バタフライ演算の乗算係数は $W_N^0 = 1$ とする．

[†2] 時間間引き FFT アルゴリズム（decimation-in-time FFT）については他の文献を参照してほしい．なお，周波数間引き FFT アルゴリズムの演算量は時間間引き FFT アルゴリズムと同じである．

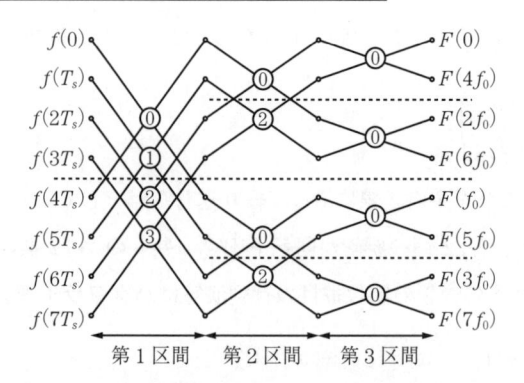

図 4.12 周波数間引き 8 点 FFT アルゴリズム

FFT アルゴリズムでは，バタフライ区間で全バタフライ演算が終了すると，バタフライ演算の入力は他で使用されることはないので，入力が記憶されていたメモリ上に演算結果を書き込めばよい．すなわち，バタフライ演算の入力と演算過程における一時記憶のためにメモリだけを必要とし，演算の途中でメモリを増設させる必要はない．メモリの増設を必要としない演算を**インプレイス** (in place) といい，FFT アルゴリズムは記憶容量においても優れている．

4.2.3 FFT アルゴリズムの複素加・乗算回数

FFT アルゴリズムにおいて各バタフライ区間では $N/2$ 個の回転子 W_N^k との複素数乗算が必要であるので，全区間での総複素乗算回数は

$$(\log_2 N - 1) \cdot \frac{N}{2} \tag{4.58}$$

となる．一方，DFT で要する複素乗算回数は N^2 で，両者の比は

$$\frac{\log_2 N - 1}{2N} \tag{4.59}$$

となる．

つぎに，バタフライ演算当りの複素加算回数は 2 回で，各バタフライ区間は $N/2$ 個のバタフライ演算で構成されているので，各バタフライ区間における複素加算回数は N 回となる．この結果，区間全体の複素加算回数は

$$N \log_2 N \tag{4.60}$$

になる．一方，DFT の総複素加算回数は $N(N-1)$ であるので，両者の比は

$$\frac{\log_2 N}{N-1} \tag{4.61}$$

となる．**表 4.1** で DFT と FFT の演算回数を比較する．N を大きくすると，FFT の演算回数は DFT に比べ大幅に減少することがわかる．

表 4.1 演算回数の比較

		複素乗算回数		複素加算回数	
c	N	DFT	FFT	DFT	FFT
2	4	16	2	12	8
3	8	64	8	56	24
4	16	256	24	240	64
5	32	1 024	64	992	160
6	64	4 096	160	4 032	384
7	128	16 384	384	16 256	896
8	256	65 536	896	65 280	2 048
9	512	262 144	2 048	261 632	4 608
10	1 024	1 048 576	4 608	1 047 552	10 240
11	2 048	4 194 304	10 240	4 192 256	22 528
12	4 096	16 777 216	22 528	16 773 120	49 152
13	8 192	67 108 884	49 152	67 100 672	106 496
14	16 384	268 435 455	106 496	268 419 072	229 376

4.2.4 ビット反転

順列行列により式 (4.55) の左辺のベクトルの要素は順番に並んでいない．ベクトルの要素を順番に並び替えるために**ビット反転**（bit reversal）と呼ばれる操作が使用される．**表 4.2** に $N=8$ のビット反転の例を示す．

（1）ビット反転の手順 一般にビット反転は以下の方法で実現することができる．

1) k を 2 進数 $k_n k_{n-1} k_{n-2} \cdots k_2 k_1 k_0$ で表示する．
2) ビットの順番を逆転させる．すなわち，上位ビットと下位ビットを対称的に入れ替える．
3) 得られた 2 進数 $k_0 k_1 k_2 \cdots k_{n-2} k_{n-1} k_n$ を 10 進数表示する．

表 4.2 ビット反転操作

k の 10 進数表示	k の 2 進数表示	ビット反転	順番入れ替え後 $br(k)$
0	000	000	0
1	001	100	4
2	010	010	2
3	011	110	6
4	100	001	1
5	101	101	5
6	110	011	3
7	111	111	7

ビット反転操作は 10 進数表示を使用しても行うことができる。ビット反転後の信号の順番を $br(k)$ を用いて表現すると，10 進数表示を使用した $N=8$ のビット反転操作はつぎのようになる。

① $k=0$ の場合は入れ替えを行わない。すなわち

$$br(0) = 0 \tag{4.62}$$

とする。

② 2 進数表示した場合，$br(1)$ は最上位 (第 3 桁目) のビットを 1 にすればよいので

$$br(1) = br(0) + \frac{N}{2} \tag{4.63}$$

とする。

③ 2 進数表示した場合，$br(2)$ と $br(3)$ はそれぞれ $br(0)$ と $br(1)$ の第 2 桁目のビットを 1 にすればよいので

$$br(2) = br(0) + \frac{N}{4}, \quad br(3) = br(1) + \frac{N}{4} \tag{4.64}$$

とする。

④ 2 進数表示した場合，$br(4), br(5), br(6), br(7)$ はそれぞれ $br(0), br(1), br(2), br(3)$ の第 1 桁目のビットを 1 にすればよいので

$$\left.\begin{aligned} br(4) &= br(0) + \frac{N}{8} \\ br(5) &= br(1) + \frac{N}{8} \\ br(6) &= br(2) + \frac{N}{8} \\ br(7) &= br(3) + \frac{N}{8} \end{aligned}\right\} \quad (4.65)$$

とする。

(2) **要素の入れ替えによる順番並び替え手順** ところで,ベクトルの要素の順番並び替えは,要素の入れ替えによって達成することができる。すなわち,表 4.2 の k と $br(k)$ の関係よりベクトルの要素を条件

$$\left.\begin{aligned} F\{br(k)f_0\} &\longleftrightarrow F(kf_0) \quad (br(k) > k) \\ \text{入れ替えの必要なし} & \quad\quad\quad\quad\quad (\text{その他の } k) \end{aligned}\right\} \quad (4.66)$$

によって入れ替えると,ベクトルの要素は順番に並び替えられる。

4.2.5 高速逆フーリエ変換

c を正の整数として単位円の分割数を $N = 2^c$ とする。離散逆フーリエ変換

$$f(nT_s) = \frac{1}{N} \sum_{k=0}^{N-1} F(kf_0) W_N^{-nk} \quad (n = 0, 1, 2, \cdots, N-1) \quad (4.67)$$

より DFT と IDFT の違いは

- 回転子の回転方向が時計方向から反時計方向に変わったこと
- $1/N$ 倍しなければならないこと

である。したがって,この 2 点を変更すれば,FFT と同様な方法で**高速逆フーリエ変換**(inverse fast Fourier transform, IFFT)を容易に導出することができる。

4.2.6 C 言語による FFT と IFFT のプログラミング

(1) **FFT のプログラム** FFT アルゴリズムはビット反転操作とバタフ

ライ演算から構成されている．プログラムでは，バタフライ演算を繰り返し使用してFFTアルゴリズムを実現する．次いで，ビット反転操作を用いてベクトルの要素を並び替える．図4.13～図4.15にFFTアルゴリズムのプログラムを示す．入力信号としては，式(4.12)に示す周期離散時間信号を採用する．つぎに，プログラムの内容を順番に説明する．なお，プログラムでは，$F(kf_0)$ の基本周波数表示を省略した表示方法 $F(k)$ と $f(nT_s)$ の標本化周期表示を省略した表示方法 $f(n)$ を使用している．

fft.cpp

① ANSI C 標準ライブラリ関数を指定する．
```
#include <stdio.h> // ANSI C標準ライブラリ関数の指定
#include <math.h>  // ANSI C標準ライブラリ関数の指定
```

② 構造体により複素数型 COMPLEX を宣言する．
```
typedef struct{ // 構造体による複素数型の宣言
  double real;
  double imag;
} COMPLEX;
```

③ コンストラクタ fft(int num) では，回転子 W_N^k を
```
n = num;
pi = acos(-1.0);
double omega = -2.0*pi/(double)n; // 回転子の設定
for (int i=0; i<n; i++){
  w[i].real=cos(omega*(double)i);//回転子の実数部の設定
  w[i].imag=sin(omega*(double)i);//回転子の虚数部の設定
}
```
のように設定する．つぎに
```
step = log((double)n)/log(2.0); // 総バタフライ区間数
```
によって総バタフライ区間数を求める．最後に，ベクトルの要素を入れ替えるために10進数表示を使用して
```
br[0]=0; // ビット反転
int roop1=1;
for (int i=0; i<step; i++){
  for (int j=0; j<roop1; j++)
```

4.2 高速フーリエ変換と高速逆フーリエ変換

―――― プログラム 4-3 (fft.cpp) ――――

```
1  #include "stdafx.h"
2  #include <stdio.h> // ANSI C 標準ライブラリ関数の指定
3  #include <math.h>  // ANSI C 標準ライブラリ関数の指定
4  #include <conio.h>
5
6  typedef struct{ // 構造体による複素数型の宣言
7    double real;
8    double imag;
9  } COMPLEX;
10
11 class fft {
12   private:
13     COMPLEX w[64];
14     int br[64];
15     int n;
16     double step;
17     double pi;
18     void butterfly(COMPLEX a, COMPLEX b, COMPLEX out[], int k);
19     COMPLEX multiplication(COMPLEX a, COMPLEX b);
20   public:
21     fft(int num);
22     void difFFT(COMPLEX x[]);
23 };
24
25 fft::fft(int num){
26   n = num;
27   pi = acos(-1.0); // 円周率の算出
28   double omega = -2.0*pi/(double)n;   // 回転子の設定
29   for (int i=0; i<n; i++){
30     w[i].real = cos(omega*(double)i); // 回転子の実数部の設定
31     w[i].imag = sin(omega*(double)i); // 回転子の虚数部の設定
32   }
33   step = log((double)n)/log(2.0); // 総バタフライ区間数
34   br[0]=0; // ビット反転
35   int roop1=1;
36   for (int i=0; i<step; i++){
37     for (int j=0; j<roop1; j++)
38       br[roop1+j] = br[j] + n/(2*roop1);
39     roop1*=2;
40   }
41 }
```

図 4.13 FFT のプログラム

プログラム 4-4 (fft.cpp)

```
42  void fft::difFFT(COMPLEX x[]){
43    COMPLEX out[2]; // 一時記憶メモリ
44    int roop2 = n/2;
45    int roop = 1;
46    for (int i=0; i<step; i++){ // 第i番目のバタフライ区間
47      int bias = 0;
48      for (int j=0; j<roop; j++){
49        for (int k=0; k<roop2; k++){
50          int num = bias + k; // バタフライ演算対象信号の選択
51          int num2 = num + roop2; // バタフライ演算対象信号の選択
52          butterfly( x[num], x[num2], out, k*roop );
53          x[num] = out[0]; // インプレイス
54          x[num2] = out[1]; // インプレイス
55        }
56        bias += 2*roop2;
57      }
58      roop2 /= 2;
59      roop *= 2;
60    }
61    COMPLEX buffer; // ベクトルの要素の入れ替え
62    for (int i=0; i<n; i++){
63      if ( br[i]>i ){
64        buffer = x[br[i]];
65        x[br[i]] = x[i];
66        x[i] = buffer;
67      }
68    }
69  }
70
71  void fft::butterfly(COMPLEX a, COMPLEX b, COMPLEX out[], int k){
72    COMPLEX d;
73    out[0].real = a.real+b.real;
74    out[0].imag = a.imag+b.imag;
75    d.real = a.real-b.real;
76    d.imag = a.imag-b.imag;
77    out[1] = multiplication(d, w[k]); // 複素数の積
78  }
```

図 4.14 FFT のプログラム (つづき 1)

4.2 高速フーリエ変換と高速逆フーリエ変換　　　111

──────────── プログラム 4-5 (fft.cpp) ────────────

```
79  COMPLEX fft::multiplication(COMPLEX a, COMPLEX b){
80    COMPLEX c; // 変数 c を 64 ビットの複素数型で宣言
81    c.real=a.real*b.real-a.imag*b.imag; // 複素数 a と b の実数部の乗算
82    c.imag=a.real*b.imag+a.imag*b.real; // 複素数 a と b の虚数部の乗算
83    return c; // c を返す。
84  }
85
86  int _tmain(int argc, _TCHAR* argv[]){
87    int n;
88    double ts;
89    COMPLEX sf[512] = {0.0}; // 配列 sf[4] を 64 ビットの複素数型で宣言
90  して, "0" に初期化
91    double pi=acos(-1.0); // 円周率の算出
92
93    printf(" Ts [second] = "); // サンプリング周期の入力
94    scanf("%lf",&ts);
95    printf(" N = "); // 分割数の入力
96    scanf("%d",&n);
97
98    fft ft( n );
99    double f0=1.0/((double)n*ts); // 基本周波数の計算
100
101   for (int i=0; i<n; i++)
102     sf[i].real = 1.0+sin(2.0*pi*250.0*(double)i*ts); // 離散時間信号
103
104   ft.difFFT(sf);
105
106   printf("\n");
107   printf("f [Hz] FR(kf0) FI(kf0) |F(kf0)|\n");
108   for (int i=0; i<n; i++){
109     double spt = sqrt(sf[i].real*sf[i].real+sf[i].imag*sf[i].imag);
110     printf("%6.1f%8.2f%8.2f%9.2f\n",f0*(double)i,sf[i].real,sf[i].imag,
111 spt); // 結果表示
112   }
113
114   getch(); // プログラムの終了直前のポーズ機能
115   return 0;
116 }
```

図 4.15　FFT のプログラム (つづき 2)

```
        br[roop1+j] = br[j] + n/(2*roop1);
    roop1*=2;
  }
```

によってビット反転を計算する。

④　difFFT(COMPLEX x[])では，バタフライ区間ごとにバタフライ演算の対象となる入力信号の選択を行い，その演算結果は一時記憶メモリout[2]に一旦記憶する。インプレイス演算であるので，バタフライ演算の入力信号として選択されたメモリx[num]，x[num2]に一時記憶メモリの内容が書き込まれる。全バタフライ区間が終了すると，ベクトルの要素を入れ替え，要素は順番に並び替えられる。

```
void fft::difFFT(COMPLEX x[]){
  COMPLEX out[2]; // 一時記憶メモリ
  int roop2 = n/2;
  int roop = 1;
  for (int i=0; i<step; i++){//第i番目のバタフライ区間
    int bias = 0;
    for (int j=0; j<roop; j++){
      for (int k=0; k<roop2; k++){
        int num = bias + k;//バタフライ演算対象信号の選択
        int num2=num+roop2;//バタフライ演算対象信号の選択
        butterfly( x[num], x[num2], out, k*roop );
        x[num] = out[0]; // インプレイス
        x[num2] = out[1]; // インプレイス
      }
      bias += 2*roop2;
    }
    roop2 /= 2;
    roop *= 2;
  }

  COMPLEX buffer; // ベクトルの要素の入れ替え
  for (int i=0; i<n; i++){
    if ( br[i]>i ){
      buffer = x[br[i]];
      x[br[i]] = x[i];
      x[i] = buffer;
    }
  }
}
```

⑤ バタフライ演算は式 (4.56) に基づき
```
void fft::butterfly(COMPLEX a, COMPLEX b, COMPLEX out[], int k){
  COMPLEX d;
  out[0].real = a.real+b.real;
  out[0].imag = a.imag+b.imag;
  d.real = a.real-b.real;
  d.imag = a.imag-b.imag;
  out[1] = multiplication(d, w[k]); // 複素数の積
}
```
によって実行される。

図 4.13〜図 4.15 を実行して，標本化周期 $T_s = 0.001$ 秒 と単位円の分割数 $N = 4$ をそれぞれ入力する。プログラムの実行結果を**図 4.16** に示す。実行結果は DFT のプログラムの実行結果と一致することが確認できる。

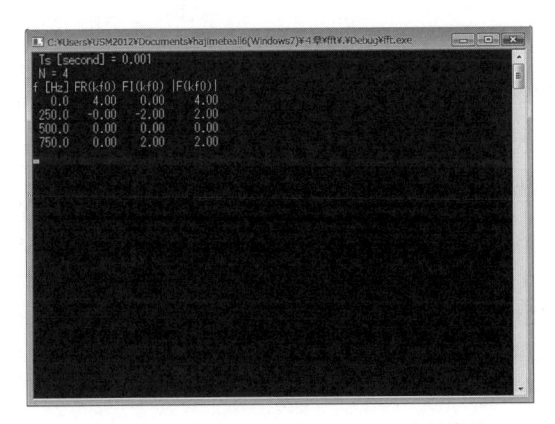

図 4.16 4 点 FFT のプログラムの実行結果

（**2**） **IFFT のプログラム**　図 4.13〜図 4.15 に示した FFT のプログラムにつぎの変更を加える。なお，入力信号として式 (4.35) に示す信号を採用する。プログラムでは，$F(kf_0)$ の基本周波数表示を省略した表示方法 $F(k)$ と $f(nT_s)$ の標本化周期表示を省略した表示方法 $f(n)$ を使用している。

ifft.exe

① fft(int num) において回転子を半時計方向に回転させるために
   double omega = -2.0*pi/(double)n;

を

   double omega = 2.0*pi/(double)n; // 回転子の設定

に変更する。

② $1/N$ を乗算するために
```
for (int i=0; i<n; i++){
  x[i].real /= (double)n;
  x[i].imag /= (double)n;
}
```
を difFFT(COMPLEX x[]) の最後の行に付け加える。

③ main 文で基本周波数を取り扱うために
   double ts;

を

   double f0;

に変更する。

④ 基本周波数を入力するために
```
printf(" Ts [second] = ");
scanf("%lf",&ts);
```
を
```
printf(" f0 [Hz] = ");
scanf("%lf",&f0);
```
に変更する。

⑤ 基本周波数と分割数から標本化周期を計算するために
   double f0=1.0/((double)n*ts);

を

   double ts=1/((float)n*f0); // 標本化周期の計算

4.2 高速フーリエ変換と高速逆フーリエ変換

に変更する。

⑥ $F(kf_0)$ を入力するために，N 個の離散時間信号を発生させる行
```
for (int i=0; i<n; i++)
  sf[i].real = 1.0+sin(2.0*pi*250.0*(double)i*ts);
```

を

```
for (int i=0; i<n; i++){
  printf(" Fr(%6.1f) = ",(float)i*f0); // 実数部の入力
  scanf("%lf",&sf[i].real);
  printf(" Fi(%6.1f) = ",(float)i*f0); // 虚数部の入力
  scanf("%lf",&sf[i].imag);
}
```

に変更する。

⑦ $f(nT_s)$ を表示するために
```
printf("f [Hz] FR(kf0) FI(kf0) |F(kf0)| \n");
for (int i=0; i<n; i++){
  double spt = sqrt(lf[i].real*lf[i].real+lf[i].imag*lf[i].imag);
  printf("%6.1f%8.2f%8.2f%9.2f\n",f0*(double)i,lf[i].real,lf[i].imag,spt);
}
```

を

```
printf("t [second] fR(nTs) fI(nTs) \n");
for (int i=0; i<n; i++){
  double f=ts*(double)i;
  printf("%10.3f%8.2f%8.2f\n",f,lf[i].real,lf[i].imag);
}
```

に変更する。

変更後のプログラムを実行して，基本周波数 $f_0 = 250\,\mathrm{Hz}$，単位円の分割数 $N = 4$，$F(250k)$ の実数部と虚数部の値をそれぞれ入力する。プログラムの実行結果を図 **4.17** に示す。実行結果は式 (4.39) と一致することが確認できる。

116   4. 高速フーリエ変換とスペクトル分析

図 4.17 4点 IFFT のプログラムの実行結果

4.3 窓関数とスペクトル分析

離散時間信号の周波数成分の解析には，離散時間信号の基本周期部分の正確な切り出しが不可欠である．図 4.4 に示したように，離散時間信号の周期が既知の場合には，方形窓関数を使用して離散時間信号の基本周期部分を正確に切り出すことができる．しかし，例えば，図 4.18(a) に示す周期 $4T_s$ の離散時間信号 $f(nT_s)$ を周期 $5T_s$ の方形窓関数で切り出すと，FFT では図 (b) の離散時間信号を取り扱うことになる．図 (b) の波形は図 (a) の波形とは明らかに異なる．このように，周期が未知の離散時間信号から基本周期部分を正確に切り出すことはきわめて難しく，周波数成分を正確に解析することはできない．

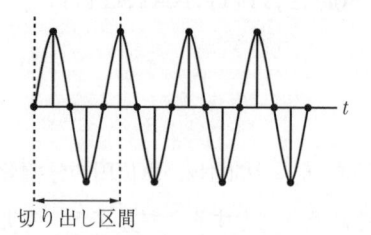

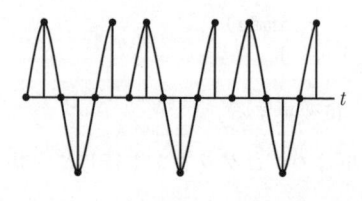

(a) 周期 $4T_s$ の離散時間信号 $f(nT_s)$ (b) 切り出した信号から構成された離散時間信号

図 4.18 生成された周期離散時間信号

離散時間信号の基本周期部分を正確に切り出さないと，元の離散時間信号には含まれない周波数成分が出現する。この現象は**スペクトル漏れ**（spectrum leakage）と呼ばれている。スペクトル漏れをできる限り小さくし，離散時間信号のスペクトルを推定するために**窓関数**（window function）が使用される。離散時間信号の基本周期部分を正確に切り出すことができない場合，図 4.18(b) に示すように，切り出し区間の境界において不連続性を生じる。この不連続な周期離散時間信号がスペクトル漏れの原因となる。不連続性を低減するためには，切り出された信号の両端が 0 に近づくような窓関数を選択すればよい。**表 4.3** に代表的な窓関数を示す。

表 4.3 代表的な窓関数

窓関数名	関数
方形窓	$w_r(n) = \begin{cases} 1 & (0 \leqq n \leqq N-1) \\ 0 & (その他の\ n) \end{cases}$
ハニング窓	$w_n(n) = 0.5 w_r(n)\left(1 - \cos\dfrac{2\pi n}{N}\right)$
ハミング窓	$w_m(n) = w_r(n)\left(0.54 - 0.46\cos\dfrac{2\pi n}{N}\right)$
ブラックマン窓	$w_b(n) = w_r(n)\left(0.42 - 0.50\cos\dfrac{2\pi n}{N} + 0.08\cos\dfrac{4\pi n}{N}\right)$

周期が未知の離散時間信号 $f(nT_s)$ の周波数成分を少ない誤差で解析するためには，$f(nT_s)$ に窓関数を乗算した周期離散時間信号の FFT からスペクトルを求めればよい。パソコンを用いて周期が未知の離散時間信号

$$f(nT_s) = A_1 \sin\left(2\pi f_1 n T_s\right) + A_2 \sin\left(2\pi f_2 n T_s\right) \qquad (4.68)$$

の周波数 f_1 と f_2 を推定してみよう。

$$\left.\begin{array}{l} A_1 = 0.5, \quad f_1 = 53\,\mathrm{Hz}, \quad N = 64 \\ A_2 = 1.0, \quad f_2 = 79\,\mathrm{Hz}, \quad T_s = 1/256\,秒 \end{array}\right\} \qquad (4.69)$$

に設定すると，基本周波数は $f_0 = 1/(NT_s) = 4\,\mathrm{Hz}$ となるので，標本化定理を考慮して 4 Hz 間隔で直流から 128 Hz までのスペクトルを求めることができる．窓関数としては図 4.19 に示すハニング窓（Hanning window）を使用する．

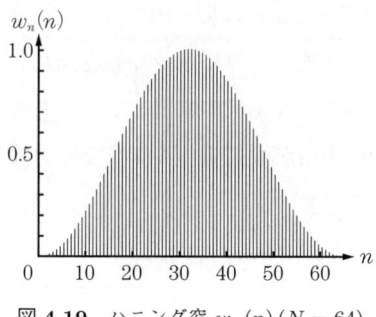

図 4.19 ハニング窓 $w_n(n)$ $(N = 64)$

図 4.13〜図 4.15 に示した FFT のプログラムにつぎの変更を加える．

speana.exe

① 振幅スペクトルを求めるプログラムでは，新たな関数 void Hanning(COMPLEX x[]) を使用するので

```
public:
  fft(int num);
  void difFFT(COMPLEX x[]);
```

に

```
void Hanning( COMPLEX x[] );
```

を付け加える．

② ハニング窓を乗算するために，ハニング窓関数

```
void fft::Hanning( COMPLEX x[] ){
  double omega = 2.0*pi/(double)n;
  for (int i=0; i<n; i++)
    x[i].real *= 0.5*(1.0-cos(omega*(double)i));
}
```

をクラス fft に追加する．

4.3 窓関数とスペクトル分析

③　main 文を以下に示すように変更する．

周期が未知の離散時間信号を取り扱うために，実数変数宣言
```
ts = 1.0/256.0;
double f1 = 53.0;
double f2 = 79.0;
double a0 = 0.0;
double a1 = 0.5;
double a2 = 1.0;
```
を既存の実数変数宣言
```
fft ft( n );
```
の後に付け加える．

④　周期が未知の離散時間信号を発生させるために
```
for (int i=0; i<n; i++)
  sf[i].real = 1.0+sin(2.0*pi*250.0*(double)i*ts);
```
を
```
for (int i=0; i<n; i++){
  sf[i].real = a0;
  sf[i].real += a1*sin(2.0*pi*f1*(double)i*ts);
  sf[i].real += a2*sin(2.0*pi*f2*(double)i*ts);
}
```
に変更する．

⑤　ハニング窓を乗算するために，ハニング窓関数
```
ft.Hanning(sf);
```
を
```
ft.difFFT(sf);
```
の前に付け加える．

⑥　振幅スペクトルの表示にデシベル表示を採用しているので
```
printf("f [Hz] FR(kf0) FI(kf0) |F(kf0)|\n");
```
を
```
printf("f [Hz] FR(kf0) FI(kf0) |F(kf0)| [dB]\n");
```
に変更する．

⑦ 振幅スペクトルをデシベル表示するために
```
spt=20.0*log10(spt);
```
を振幅スペクトルを計算する行
```
double spt = sqrt(sf[i].real*sf[i].real+sf[i].imag
*sf[i].imag);
```
の後に付け加える。

変更後のプログラムを実行して，標本化周期 $T_s = 0.00390625$ 秒 と単位円の分割数 $N = 64$ をそれぞれ入力する。プログラムの実行結果を図 **4.20** に示す ($132\,\mathrm{Hz} \sim 252\,\mathrm{Hz}$ の表示は省略している)。振幅スペクトルの表示にはデシベル表示を使用している。また，図 **4.21** に実行結果を図示する[†]。実行結果は，$52\,\mathrm{Hz}$ と $80\,\mathrm{Hz}$ 付近で振幅スペクトルが大きくなることを示している。周期が未知の離散時間信号の周波数成分は $53\,\mathrm{Hz}$ と $79\,\mathrm{Hz}$ であるので，窓関数を用いると周波数成分をほぼ正確に推定できることがわかる。

N として大きな値を採用すると，N 点 FFT によって得られるスペクトルの間隔は細かくなる。すなわち，分析周波数が細かくなるので，**周波数分解能** (frequency resolution) は上がる。N を大きくすることは，同時に，切り出された離散時間信号の周期が大きくなることを意味しているので，分析に要する時間も長くなる。

また，周波数分解能は窓関数の選択にも依存する。式 (4.68) の二つの周波数 f_1 と f_2 が接近している場合，スペクトル漏れを十分に低減できなくても高い周波数分解能が望まれる。このような信号の分析には，図 **4.22**(a) に示すハミング窓 (Hamming window) が有効である。一方，二つの周波数 f_1 と f_2 は離れていても，二つの正弦波の振幅が大きく異なる場合には，周波数分解能は低くてもスペクトル漏れを十分に低減させることが望まれる。このような要求には，図 (b) に示すブラックマン窓 (Blackman window) が使用される。また，離散時間信号の周期が既知の場合には，周期の整数倍に窓の長さ N を設定す

[†] 4 章の章末問題フォルダ内のプログラム `spanaexc.exe` を実行すると，振幅スペクトルを描画できる。

4.3 窓関数とスペクトル分析

――― 実行例 4.1 ―――

```
Ts [second] = 0.00390625
N = 64
f [Hz]  FR(kf0)  FI(kf0)  |F(kf0)|  [dB]
   0.0    -0.00     0.00   -55.41
   4.0    -0.00     0.00   -55.14
   8.0    -0.00     0.00   -54.31
  12.0    -0.00     0.00   -52.95
  16.0    -0.00     0.00   -51.06
  20.0    -0.00     0.00   -48.64
  24.0    -0.00     0.00   -45.66
  28.0    -0.01     0.00   -42.02
  32.0    -0.01     0.01   -37.58
  36.0    -0.02     0.02   -32.01
  40.0    -0.04     0.04   -24.71
  44.0    -0.14     0.14   -14.11
  48.0    -1.82     1.81     8.17
  52.0     5.42    -5.44    17.71
  56.0    -3.89     3.87    14.79
  60.0     0.33    -0.38    -6.02
  64.0     0.02    -0.12   -18.13
  68.0    -0.12    -0.17   -13.85
  72.0    -0.69    -0.72    -0.02
  76.0     7.77     7.75    20.81
  80.0   -10.86   -10.87    23.73
  84.0     3.62     3.62    14.19
  88.0     0.28     0.28    -8.09
  92.0     0.08     0.08   -18.72
  96.0     0.04     0.03   -26.06
 100.0     0.02     0.02   -31.72
 104.0     0.01     0.01   -36.31
 108.0     0.01     0.01   -40.15
 112.0     0.01     0.00   -43.39
 116.0     0.00     0.00   -46.09
 120.0     0.00     0.00   -48.21
 124.0     0.00     0.00   -49.61
 128.0     0.00     0.00   -50.10
```

図 4.20 speana のプログラムの実行結果

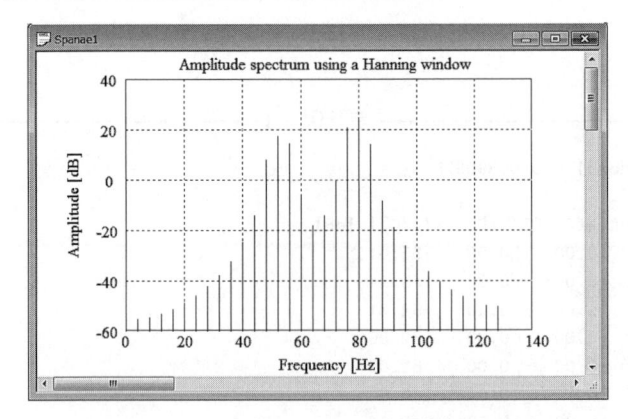

図 **4.21** ハニング窓による $f(nT_s)$ の振幅スペクトル

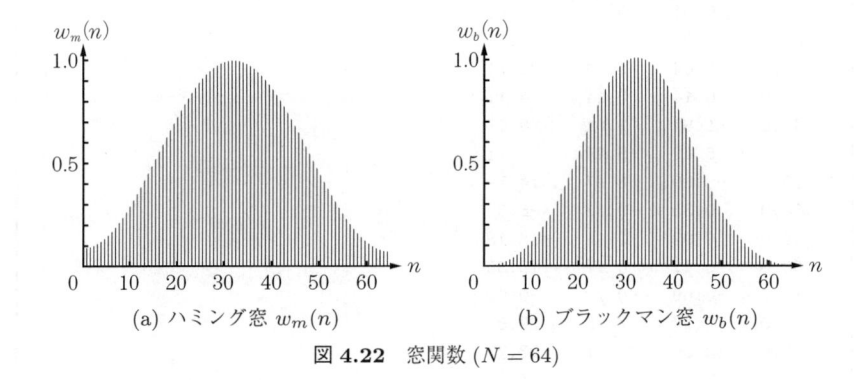

(a) ハミング窓 $w_m(n)$

(b) ブラックマン窓 $w_b(n)$

図 **4.22** 窓関数 ($N = 64$)

れば，方形窓を用いて正しいスペクトルを分析できる．このように，窓関数の性質を考慮して信号の性質に適した窓関数を選択する必要がある．

章 末 問 題

【1】 離散時間信号 $f(nT_s)$ の系列

$$\{\cdots, -1.5, 0.5, -1.5, -3.5, -1.5, 0.5, -1.5, -3.5, -1.5, 0.5, \cdots\}$$

について以下の問に答えよ．標本化周期は $T_s = 1 \times 10^{-3}$ 秒 とせよ．
(1) 行列表現を用いて DFT を求めよ．
(2) $f(nT_s)$ の振幅スペクトルを求めよ．

(3)　(1) の結果に対称性が成立することを確認せよ.
(4)　離散時間信号 $f\{(n+2)T_s\}$ の DFT を求めよ. 次いで, 式 (4.24) が成立することを確認せよ.
(5)　(1) で求めた $F(kf_0)$ の IDFT を行列表現を用いて求めよ.

【2】　離散時間信号

$$f(nT_s) = A_1 \sin(2\pi f_1 n T_s) + A_2 \sin(2\pi f_2 n T_s) \tag{4.70}$$

について (1) と (2) に答えよ.

(1)　二つの正弦波の周波数は離れているが, 周波数成分の大きさが大きく異なる離散時間信号を実現するために, 式 (4.70) の定数を

$$\left.\begin{array}{ll} A_1 = 1.0, & f_1 = 30\,\mathrm{Hz}, \quad N = 64 \\ A_2 = 0.0025, & f_2 = 90\,\mathrm{Hz}, \quad T_s = 1/256\,\text{秒} \end{array}\right\} \tag{4.71}$$

に定め, 発生させた離散時間信号をパソコンを用いて分析せよ. 振幅スペクトルの表示にはデシベル表示, 窓関数には表 4.3 に示すハミング窓とブラックマン窓をそれぞれ使用せよ.

(2)　二つの正弦波の大きさには大きな差はないが, 周波数が接近している離散時間信号を実現するために, 式 (4.70) の定数を

$$\left.\begin{array}{ll} A_1 = 1.0, & f_1 = 30\,\mathrm{Hz}, \quad N = 64 \\ A_2 = 0.25, & f_2 = 41\,\mathrm{Hz}, \quad T_s = 1/256\,\text{秒} \end{array}\right\} \tag{4.72}$$

に定め, 発生させた離散時間信号をパソコンを用いて分析せよ. 振幅スペクトルの表示にはデシベル表示, 窓関数には表 4.3 に示すハミング窓とブラックマン窓をそれぞれ使用せよ.

5 ディジタルフィルタの設計

ディジタルフィルタの乗算係数と構成が与えられた場合，差分方程式，伝達関数，安定性，周波数特性の順にフィルタの性質を明らかにできることはすでに学んだ．それでは，希望する周波数特性のディジタルフィルタを実現するためには，乗算係数と構成をどのように決定すればよいのであろうか．また，ディジタルフィルタの安定性がつねに保証されるように乗算係数を決定できるのであろうか．

ここでは，安定性を考慮しながら，希望する周波数特性を実現する伝達関数の導出方法について説明する．また，決定した伝達関数からディジタルフィルタを構成する方法についても述べる．ディジタルフィルタの設計においては，設計したディジタルフィルタが希望する周波数特性を実現できるかどうかを確認することが非常に重要である．そこで，設計においてはもちろん，設計したディジタルフィルタの周波数特性を確認するためにもパソコンを利用する．プログラムを変更しながらいくつかの設計方法について理解を深めよう．

5.1 IIR フィルタの設計

IIR フィルタは，FIR フィルタに比べ少ない次数で設計仕様を満足することができる特徴をもつ．IIR フィルタの設計には，アナログフィルタの近似理論を利用できる $s-z$ 変換 (s-plane to z-plane transform) が広く用いられている．そこで，本節では，アナログフィルタとその周波数特性について説明した後，$s-z$ 変換による IIR フィルタの設計方法について述べる．

5.1.1 アナログフィルタの設計

アナログフィルタの設計手順では，基本 LPF ($\omega_c = 1\,\mathrm{rad/s}$) の伝達関数を求めた後，周波数変換を使用して基本 LPF から任意の遮断周波数をもつ LPF，HPF，任意の中心周波数と中心周波数の鋭さをもつ BPF，BEF の伝達関数を求めている．ここでは，代表的な基本 LPF の設計方法について述べる．

5.1.2 バタワース特性

（1）最大平坦特性　　バタワース特性（Butterworth response）は

$$|G_N(\omega)| = \frac{1}{\sqrt{1+(\omega/\omega_c)^{2N}}} \tag{5.1}$$

で与えられる．N に無関係に周波数が $\omega = \omega_c$ のとき，$|G_N(\omega_c)| = 1/\sqrt{2}$ になるので ω_c は遮断周波数である．遮断周波数を $\omega_c = 1\,\mathrm{rad/s}$ にすると，バタワース特性は

$$|G_N(\omega)| = \frac{1}{\sqrt{1+\omega^{2N}}} \tag{5.2}$$

になる．式 (5.2) のバタワース特性をテイラー展開すると

$$|G_N(\omega)| = \left(1+\omega^{2N}\right)^{-1/2} = 1 - \frac{1}{2}\omega^{2N} + \frac{3}{8}\omega^{4N} - \frac{5}{16}\omega^{6N} + \cdots \tag{5.3}$$

より $|G_N(\omega)|$ の $2N-1$ 階までの微分は直流 $\omega=0$ において

$$\left.\frac{d^n |G_N(\omega)|}{d\omega^n}\right|_{\omega=0} = 0 \quad (n \leq 2N-1) \tag{5.4}$$

になる．このような特性を**最大平坦特性**（maximally flat characteristic）という．

図 **5.1** にバタワース特性を示す．$\omega \gg \omega_c (= 1\,\mathrm{rad/s})$ となる周波数帯域では

$$|G_N(\omega)| = \frac{1}{\sqrt{1+\omega^{2N}}} \simeq \frac{1}{\omega^N} \tag{5.5}$$

になるので

$$20\log_{10}|G_N(\omega)| = -20N\log_{10}\omega \quad \text{〔dB〕} \tag{5.6}$$

図 5.1 バタワース特性 ($\omega_c = 1\,\mathrm{rad/s}$)

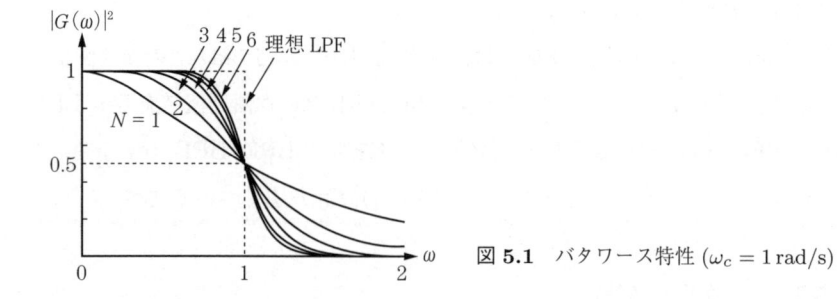

より $-20N\,[\mathrm{dB/decade}]$ で減衰する．このように N を大きくすると，バタワース特性は理想低域通過特性に漸近する．

フィルタの設計では，設計仕様を満足するように N は決定される．図 5.2 に設計仕様を示す．$\omega = 0$ から $\omega = \omega_p$ の通過域ではバタワース特性 $|G_N(\omega)|\,[\mathrm{dB}]$ が通過域許容減衰量 A_p を下回らないように，同時に $\omega = \omega_r$ から $\omega \to \infty$ の阻止域では阻止域減衰量 A_r を超えないようにバタワース特性の次数 N を決定する．$\omega = \omega_r$ から $\omega = \omega_p$ の周波数帯域が遷移域である．

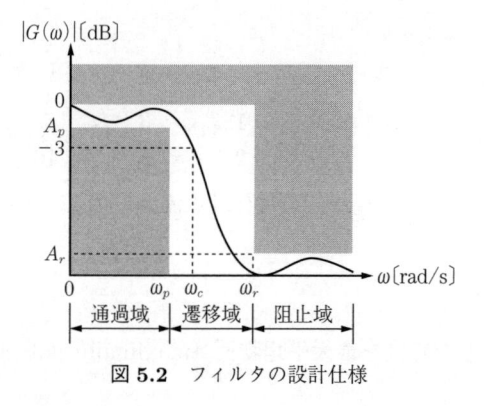

図 5.2 フィルタの設計仕様

通過域における減衰量が A_p を下回らないように，減衰量には式 (5.1) より

$$20\log_{10}|G_N(\omega)| \geq A_p \quad (|\omega| \leq \omega_p) \tag{5.7}$$

が要求される．阻止域における減衰量を A_r を超えないために，式 (5.1) より

$$20\log_{10}|G_N(\omega)| \leq A_r \quad (\omega_r \leq |\omega|) \tag{5.8}$$

が要求される。

通過域端周波数 ω_p で減衰量 A_p, 阻止域端周波数 ω_r で減衰量 A_r を満たすために

$$\left.\begin{array}{l} 20\log_{10}|G_N(\omega_p)| = 20\log_{10}\dfrac{1}{\sqrt{1+(\omega_p/\omega_c)^{2N}}} = A_p \\[2mm] 20\log_{10}|G_N(\omega_r)| = 20\log_{10}\dfrac{1}{\sqrt{1+(\omega_r/\omega_c)^{2N}}} = A_r \end{array}\right\} \quad (5.9)$$

が成立する。

$$\left(\frac{\omega_p}{\omega_c}\right)^{2N} = 10^{-A_p/10} - 1, \quad \left(\frac{\omega_r}{\omega_c}\right)^{2N} = 10^{-A_r/10} - 1 \quad (5.10)$$

から ω_c を消去すると

$$\left(\frac{\omega_r}{\omega_p}\right)^{2N} = \frac{10^{-A_r/10} - 1}{10^{-A_p/10} - 1} \quad (5.11)$$

より最小の次数

$$N = \left\lceil \frac{\log_{10}\left[\left(10^{-A_r/10} - 1\right)/\left(10^{-A_p/10} - 1\right)\right]}{2\log_{10}(\omega_r/\omega_p)} \right\rceil \quad (5.12)$$

が決定される。$\lceil x \rceil$ は x に等しい整数, あるいは x より大きい最小の整数である。式 (5.1) より遮断周波数は

$$\omega_c = \frac{\omega_p}{(10^{-A_p/10} - 1)^{1/2N}} \quad (5.13)$$

または

$$\omega_c = \frac{\omega_r}{(10^{-A_r/10} - 1)^{1/2N}} \quad (5.14)$$

によって求められる。N を整数化した影響で両者は多少異なるので, 要求によって使い分けられる。

(2) バタワースフィルタの伝達関数と極の配置

$$\left.|G_N(\omega)|\right|_{\omega=-js} = \left.|G_N(-\omega)|\right|_{\omega=-js} = \frac{1}{\sqrt{1+(-s^2)^N}} \quad (5.15)$$

を用いると

$$|G_N(\omega)|^2\Big|_{\omega=-js} = G_N(\omega)G_N(-\omega)\Big|_{\omega=-js}$$
$$= |G_N(s)|^2 = G_N(s)G_N(-s) = \frac{1}{1+(-s^2)^N} \quad (5.16)$$

を得る.バタワースフィルタのインパルス応答 $g(t)$[†1]は実数で,$G_N(\omega)^* = G_N(-\omega)$ が成立するので

$$|G_N(\omega)|^2 = G_N(\omega)G_N(\omega)^* = G_N(\omega)G_N(-\omega) = \frac{1}{1+\omega^{2N}} \quad (5.17)$$

を使用している[†2].$G_N(\omega)^*$ は $G_N(\omega)$ の共役複素数である.

$|G_N(s)|^2$ の極は方程式

$$1+(-s^2)^N = 1+(-1)^N s^{2N} = 0 \quad (5.18)$$

の根で

$$s^{2N} = (-1)^{N-1} = e^{j(N-1)\pi}e^{j2\pi k} = e^{j(2k+N-1)\pi} \quad (5.19)$$

より

$$s_k = e^{j(2k+N-1)\pi/(2N)} \quad (k=1,2,\cdots,2N) \quad (5.20)$$

と求められる.図 **5.3**(a) に示すように,s 平面において $G_N(s)G_N(-s)$ の極は単位円を $2N$ 等分した分点に配置される.すべての極の配置は実数軸と虚数軸に関して対称である.N が奇数であるとき,1 対の極が実数軸上に位置す

[†1] アナログフィルタの伝達関数 $G(s)$ はインパルス応答 $g(t)$ の**ラプラス変換**(Laplace transform)

$$G(s) = \mathcal{L}[g(t)] = \int_0^\infty g(t)e^{-st}\,dt$$

によって求められる.インパルス応答 $g(t)$ が実数であることが,アナログフィルタを実現する条件である.

[†2] $g(t)$ は実数であるので,$g(t) = g(t)^*$ よりフーリエ変換は

$$G(\omega)^* = \int_{-\infty}^\infty g(t)^* e^{j\omega t}\,dt = \int_{-\infty}^\infty g(t)e^{j\omega t}\,dt = G(-\omega)$$

となる.

5.1 IIR フィルタの設計

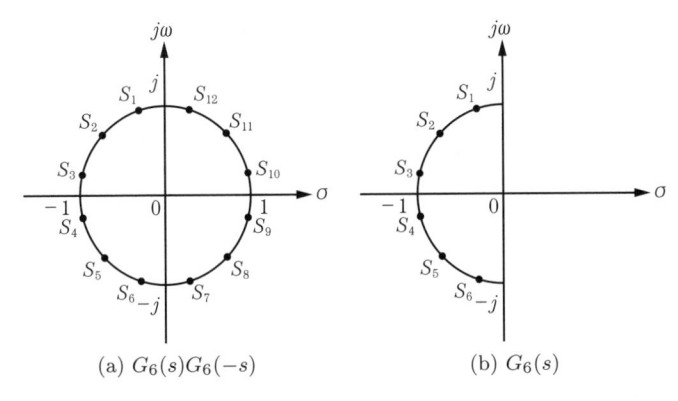

(a) $G_6(s)G_6(-s)$ (b) $G_6(s)$

図 **5.3** バタワースフィルタの極の配置

る。一方，N に無関係に虚数軸上には極は存在しない。因果的で安定な伝達関数 $G_N(s)$ の極は左半平面に存在するので

$$s_k = e^{j(2k+N-1)\pi/(2N)} \quad (k=1,2,\cdots,N) \tag{5.21}$$

がバタワースフィルタの極として選択され，バタワースフィルタの伝達関数

$$G_N(s) = \frac{(-1)^N s_1 s_2 \cdots s_N}{(s-s_1)(s-s_2)\cdots(s-s_N)} \tag{5.22}$$

が導出される。

$N=1$ のとき，極は $s_1 = e^{j\pi} = -1$ であるので，1次バタワースフィルタの伝達関数 $G_1(s)$ は

$$G_1(s) = \frac{(-1)s_1}{s-s_1} = \frac{1}{s+1} \tag{5.23}$$

になる。$N=2$ のとき，極は $s_1 = e^{j3\pi/4}$, $s_2 = e^{j5\pi/4}$ であるので，2次バタワースフィルタの伝達関数 $G_2(s)$ は

$$\begin{aligned}
G_2(s) &= \frac{(-1)^2 s_1 s_2}{(s-s_1)(s-s_2)} = \frac{e^{j3\pi/4}e^{j5\pi/4}}{\left(s-e^{j3\pi/4}\right)\left(s-e^{j5\pi/4}\right)} \\
&= \frac{1}{s^2 - 2\cos\left(\dfrac{3}{4}\pi\right)s + 1} = \frac{1}{s^2 + 2\cos\left(\dfrac{1}{4}\pi\right)s + 1} \\
&= \frac{1}{s^2 + \sqrt{2}s + 1}
\end{aligned} \tag{5.24}$$

になる。$N=3$ のとき極は $s_1 = e^{j2\pi/3}$, $s_2 = e^{j\pi} = -1$, $s_3 = e^{j4\pi/3}$ であるので，3 次バタワースフィルタの伝達関数 $G_3(s)$ は

$$\begin{aligned}G_3(s) &= \frac{(-1)^3 s_1 s_2 s_3}{(s-s_1)(s-s_2)(s-s_3)} = \frac{(-1)e^{j2\pi/3}(-1)e^{j4\pi/3}}{(s-s_1)(s-s_2)(s-s_3)}\\&= \frac{1}{s-s_2} \cdot \frac{1}{(s-s_1)(s-s_3)} = \frac{1}{s+1} \cdot \frac{1}{\left(s-e^{j2\pi/3}\right)\left(s-e^{j4\pi/3}\right)}\\&= \frac{1}{s+1} \cdot \frac{1}{s^2 - 2\cos\left(\frac{2}{3}\pi\right)s + 1}\\&= \frac{1}{s+1} \cdot \frac{1}{s^2 + 2\cos\left(\frac{1}{3}\pi\right)s + 1} = \frac{1}{s+1} \cdot \frac{1}{s^2 + s + 1} \end{aligned} \quad (5.25)$$

になる。同様にして $N \geq 4$ について伝達関数を求めることができる。N 次バタワースフィルタの伝達関数 $G_N(s)$ は同じ方法で算出できる。

（3） バタワースフィルタの設計手順

1) 次数を

$$N = \left\lceil \frac{\log_{10}\left[\left(10^{-A_r/10}-1\right)/\left(10^{-A_p/10}-1\right)\right]}{2\log_{10}(\omega_r/\omega_p)} \right\rceil$$

によって決定する。

2) N 次バタワースフィルタの遮断周波数を

$$\omega_c = \frac{\omega_p}{(10^{-A_p/10}-1)^{1/2N}}$$

または

$$\omega_c = \frac{\omega_r}{(10^{-A_r/10}-1)^{1/2N}}$$

によって定める。

3) 伝達関数 $G_N(s)$ は，N が 3 以上の奇数の場合

$$G_N(s) = \frac{1}{s+1} \prod_{k=1}^{(N-1)/2} \frac{1}{s^2 + 2\cos\theta_k s + 1}$$

となる。ここで

$$\theta_k = \frac{k}{N}\pi \quad \left(k = 1, 2, \cdots, \frac{N-1}{2}\right)$$

である。また、N が偶数の場合

$$G_N(s) = \prod_{k=1}^{N/2} \frac{1}{s^2 + 2\cos\theta_k s + 1}$$

となる。ここで

$$\theta_k = \frac{2k-1}{2N}\pi \quad \left(k = 1, 2, \cdots, \frac{N}{2}\right)$$

である。

5.1.3 チェビシェフ特性

(**1**) **チェビシェフ多項式** チェビシェフ特性 (Chebyshev response) は

$$|G_N(\omega)| = \frac{1}{\sqrt{1 + \varepsilon^2 C_N \left(\omega/\omega_c\right)^2}} \tag{5.26}$$

で与えられる。$\omega_c = 1\,\mathrm{rad/s}$ にすると、チェビシェフ特性は

$$|G_N(\omega)| = \frac{1}{\sqrt{1 + \varepsilon^2 C_N(\omega)^2}} \tag{5.27}$$

になる。ε は通過域における振幅特性の振動の大きさを決めるパラメータである。振幅特性における振動の大きさをリプルという。$C_N(x)$ は**チェビシェフ多項式** (Chebyshev polynomial) と呼ばれ

$$C_N(\omega) = \cos\left(N\cos^{-1}\omega\right) = \cosh\left(N\cosh^{-1}\omega\right) \tag{5.28}$$

と定義される[†]。式 (5.28) に

[†] 双曲線関数 (hyperbolic function) はつぎのように定義される。

$$\cos jx = \frac{1}{2}\left(e^x + e^{-x}\right) = \cosh x, \quad -j\sin jx = \frac{1}{2}\left(e^x - e^{-x}\right) = \sinh x$$

$$\tanh x = \frac{\sinh x}{\cosh x} = \frac{e^x - e^{-x}}{e^x + e^{-x}}$$

$$x = \cos^{-1}\omega \tag{5.29}$$

を代入すると

$$C_N(\omega) = \cos Nx \tag{5.30}$$

を得る。

$$\cos(N+1)x = \cos Nx \cos x - \sin Nx \sin x$$
$$= \cos Nx \cos x + \frac{1}{2}\cos(N+1)x - \frac{1}{2}\cos(N-1)x \tag{5.31}$$

より

$$\cos(N+1)x = 2\cos Nx \cos x - \cos(N-1)x \tag{5.32}$$

が求められる[†]。式 (5.28), 式 (5.30) を用いると, チェビシェフ多項式は再帰的に

$$C_N(\omega) = \begin{cases} 1 & (N=0) \\ \omega & (N=1) \\ 2\omega C_{N-1}(\omega) - C_{N-2}(\omega) & (N \geq 2) \end{cases} \tag{5.33}$$

と表される。図 **5.4**(a) にチェビシェフ多項式の例

$$C_1(\omega) = \omega, \qquad C_2(\omega) = 2\omega^2 - 1$$
$$C_3(\omega) = 4\omega^3 - 3\omega, \qquad C_4(\omega) = 8\omega^4 - 8\omega^2 + 1$$
$$C_5(\omega) = 16\omega^5 - 20\omega^3 + 5\omega, \quad C_6(\omega) = 32\omega^6 - 48\omega^4 + 18\omega^2 - 1$$

を示す。

図 (a) よりチェビシェフ多項式には性質

1. $\quad C_N(\omega) = \begin{cases} -C_N(-\omega) & (N:\text{奇数}) \\ C_N(-\omega) & (N:\text{偶数}) \end{cases}$

[†] $\cos(\alpha+\beta) = \cos\alpha\cos\beta - \sin\alpha\sin\beta, \quad \sin\alpha\sin\beta = -\dfrac{1}{2}\{\cos(\alpha+\beta) - \cos(\alpha-\beta)\}$

5.1 IIR フィルタの設計　　133

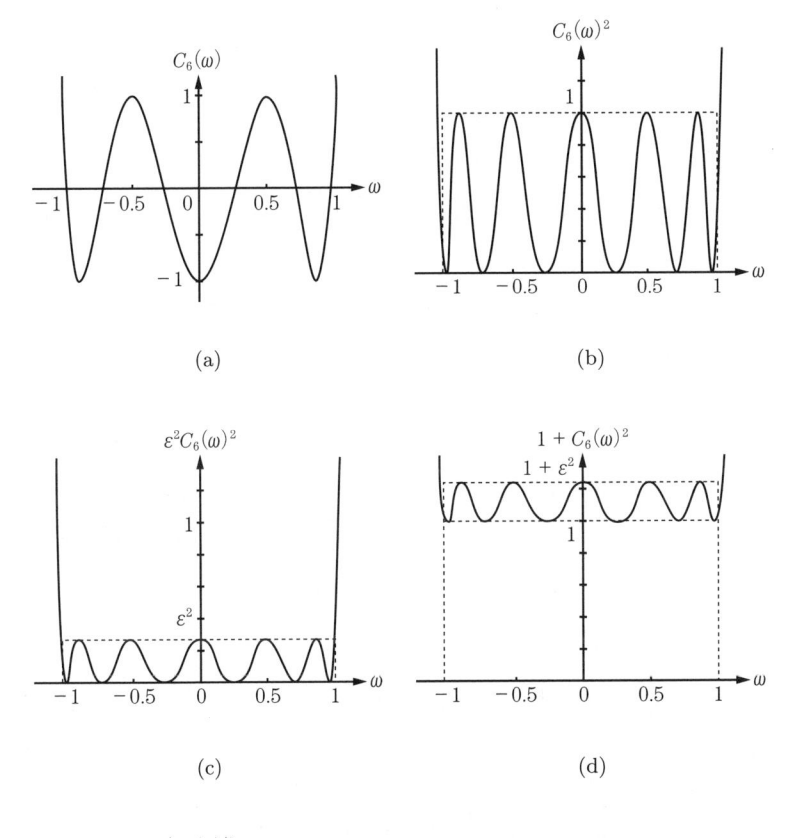

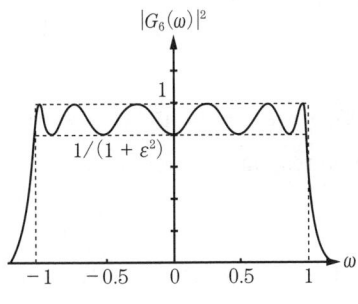

図 **5.4** チェビシェフ特性の導出と等リプル特性
　　　（$\varepsilon = 0.5$, $N = 6$）

2. $C_N(0) = \begin{cases} 0 & (N：奇数) \\ (-1)^{N/2} & (N：偶数) \end{cases}$

3. $C_N(\pm 1) = \begin{cases} \pm 1 & (N：奇数) \\ 1 & (N：偶数) \end{cases}$

4. $|\omega| \leq 1$ では $|C_N(\omega)| \leq 1$ で，$C_N(\omega)$ は最大値 1 と最小値 -1 を交互に $N+1$ 回繰り返す．

5. $|\omega| > 1$ では $C_N(\omega)$ は単調増加，または単調減少になる．

6. $\lim_{|\omega| \to \infty} C(\omega) = 2^{N-1} \omega^N$

がある．

（2）等リプル特性 チェビシェフ特性は，図 5.4(b)〜(e) の手順に従ってチェビシェフ多項式から導出される．チェビシェフ多項式の性質 (4) より $|\omega| \leq 1$ では図 (b) のように $0 \leq C_N(\omega)^2 \leq 1$ であるので，ε^2 を乗算すると図 (c) のように $0 \leq \varepsilon^2 C_N(\omega)^2 \leq \varepsilon^2$ となる．これに 1 を加えると図 (d) のように $1 \leq 1 + \varepsilon^2 C_N(\omega)^2 \leq 1 + \varepsilon^2$ が成り立つので，$1 + \varepsilon^2 C_N(\omega)^2$ の逆数は

$$\frac{1}{1+\varepsilon^2} \leq |G_N(\omega)|^2 \leq 1 \quad (|\omega| \leq 1) \tag{5.34}$$

となる．ただし

$$|G_N(0)|^2 = \begin{cases} 1 & (N：奇数) \\ \dfrac{1}{1+\varepsilon^2} & (N：偶数) \end{cases} \tag{5.35}$$

である．これが図 (e) のチェビシェフ特性である．$|G_N(\omega)|^2$ は等しい幅で振動することから，**等リプル特性**（equal-ripple response）と呼ばれる．

式 (5.26) より通過域における減衰量

$$A = 20 \log_{10} |G_N(\omega)| = -10 \log_{10} \left[1 + \varepsilon^2 C_N(\omega/\omega_c)^2\right] \quad 〔\mathrm{dB}〕 \tag{5.36}$$

のリプルは，$C_N(\omega/\omega_c)^2 = 1$ のとき最大であるので，通過域許容減衰量 A_p を用いて

$$A_p = -10 \log_{10} \left(1 + \varepsilon^2\right) \tag{5.37}$$

5.1 IIRフィルタの設計

を ε について解くと

$$\varepsilon = \sqrt{10^{-A_p/10} - 1} \tag{5.38}$$

を得る。

一方，阻止域端周波数 ω_r で阻止域減衰量 A_r を満足するために，式 (5.26) より

$$20\log_{10}|G_N(\omega_r)| = 20\log_{10}\frac{1}{\sqrt{1+\varepsilon^2 C_N(\omega_r/\omega_c)^2}} = A_r \tag{5.39}$$

が要求される。

$$\varepsilon^2 C_N(\omega_r/\omega_c)^2 = \varepsilon^2 \cosh^2\left(N\cosh^{-1}\frac{\omega_r}{\omega_c}\right) = 10^{-A_r/10} - 1 \tag{5.40}$$

と変形すると，式 (5.38) と

$$\cosh\left(N\cosh^{-1}\frac{\omega_r}{\omega_c}\right) = \frac{1}{\varepsilon}\sqrt{10^{-A_r/10}-1} = \left[\frac{10^{-A_r/10}-1}{10^{-A_p/10}-1}\right]^{1/2} \tag{5.41}$$

より最小の次数

$$N = \left\lceil \frac{\cosh^{-1}\left[\left(10^{-A_r/10}-1\right)/\left(10^{-A_p/10}-1\right)\right]^{1/2}}{\cosh^{-1}(\omega_r/\omega_p)} \right\rceil \tag{5.42}$$

が決定される[†]。$\lceil x \rceil$ は x に等しい整数，あるいは x より大きい最小の整数である。式 (5.28) に $\varepsilon^2 C_N(\omega_c)^2 = 1$ を代入すると

$$\omega_c = \cosh\left[\frac{1}{N}\cosh^{-1}\frac{1}{\varepsilon}\right] = \cosh\left[\frac{1}{N}\cosh^{-1}\frac{1}{\sqrt{10^{-A_p/10}-1}}\right] \tag{5.43}$$

が求められる。

（**3**）**チェビシェフフィルタの伝達関数と極の配置**　　$\omega = -js$ を $|G_N(\omega)|^2$ に代入すると

$$|G_N(s)|^2 = G_N(s)G_N(-s) = \frac{1}{1+\varepsilon^2 C_N(-js)^2} \tag{5.44}$$

[†] $\cosh^{-1}x = \ln\left(x+\sqrt{x^2-1}\right)$

が得られる。$|G_N(s)|^2$ の極は方程式

$$1 + \varepsilon^2 C_N(-js)^2 = 0 \tag{5.45}$$

の根で

$$C_N(-js) = \pm \frac{j}{\varepsilon} \tag{5.46}$$

で与えられる。

$$\cosh^{-1}(-js) = u + j\phi \tag{5.47}$$

とすると，オイラーの公式†と式 (5.28) より

$$\begin{aligned} C_N(-js) &= \cosh\left(N \cosh^{-1}(-js)\right) = \cosh N(u + j\phi) \\ &= \cosh Nu \cosh jN\phi - \sinh Nu \sinh jN\phi \\ &= \cosh Nu \cos N\phi - j \sinh Nu \sin N\phi = \pm\frac{j}{\varepsilon} \end{aligned} \tag{5.48}$$

であるので

$$\cosh Nu \cos N\phi = 0, \quad \sinh Nu \sin N\phi = \pm\frac{1}{\varepsilon} \tag{5.49}$$

を得る。$\cosh Nu \neq 0$ であるので，$\cos N\phi = 0$ より

$$\phi_k = \frac{2k-1}{2N}\pi \quad (k = 1, 2, \cdots, 2N) \tag{5.50}$$

となる。この結果，$\sin N\phi = \pm 1$ であるので，式 (5.48) より

$$u_k = \pm\frac{1}{N}\sinh^{-1}\frac{1}{\varepsilon} \tag{5.51}$$

が求まる。式 (5.47) に u_k, ϕ_k を代入すると

$$-js_k = \cosh(u_k + j\phi_k) = \cosh u_k \cos \phi_k - j \sinh u_k \sin \phi_k \tag{5.52}$$

となる。k 番目の極を

---

† $e^{\pm jx} = \cos x \pm j \sin x$

5.1 IIR フィルタの設計　　137

$$s_k = \sigma_k + j\omega_k \tag{5.53}$$

とおくと

$$\sigma_k = -\sinh d \sin \phi_k, \quad \omega_k = \cosh d \cos \phi_k, \quad d = \frac{1}{N}\sinh^{-1}\frac{1}{\varepsilon} \tag{5.54}$$

を得る[†]。$\sin^2 \phi_k + \cos^2 \phi_k = 1$ を用いると

$$\frac{\sigma_k^2}{\sinh^2 d} + \frac{\omega_k^2}{\cosh^2 d} = 1 \tag{5.55}$$

より $G_N(s)G_N(-s)$ の極は長径 $\cosh d$, 短径 $\sinh d$ の楕円上に配置される.

単位円を半径 $\cosh d$ の円で表すと, バタワース特性とチェビシェフ特性の極の配置は実数部は異なるが虚数部は等しい. 図 5.5 にバタワース特性とチェビシェフ特性の極の位置関係を示す. バタワース特性の極を ○ 印で, チェビシェフ特性の極を ● 印でそれぞれ表している. バタワース特性の極の配置と同様に半径が長径 $\cosh d$ に等しい円を $2N$ 等分した分点を円周上に描き, 半径 $\cosh d$ の円周上に配置した分点を楕円周上に水平に移動すると, チェビシェフ特性 $G_N(s)G_N(-s)$ の極が求められる. 半径が短径 $\sinh d$ に等しい円を $2N$ 等分した分点を楕円周上に垂直に移動しても, チェビシェフ特性の極が求められる.

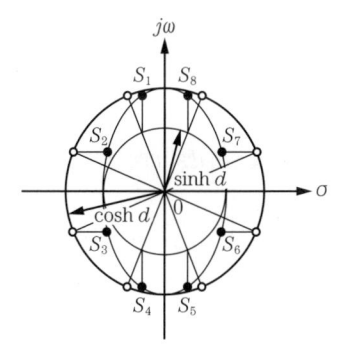

図 5.5　バタワース特性とチェビシェフフィルタの
　　　極の位置関係 $(N = 4)$

[†] $\sinh^{-1} x = \ln\left(x + \sqrt{x^2+1}\right)$

チェビシェフ特性 $G_N(s)G_N(-s)$ の極の配置を図 **5.6**(a) に示す。すべての極は実数軸と虚数軸に関して対称に配置される。N が奇数であるとき，1 対の極が実数軸上に位置する。一方，N に無関係に虚数軸上には極は存在しない。

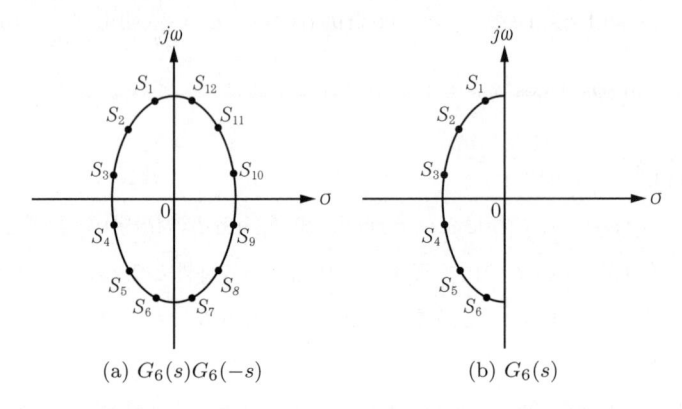

(a) $G_6(s)G_6(-s)$　　　(b) $G_6(s)$

図 **5.6**　s 平面におけるチェビシェフフィルタの極の配置

ところで，図 **5.7** の直角三角形より

$$\psi_k = \frac{\pi}{2} - \phi_k = \frac{N-2k+1}{2N}\pi \quad (k=1,2,\cdots,2N) \tag{5.56}$$

であるので

$$\sin\phi_k = \cos\psi_k, \quad \cos\phi_k = \sin\psi_k \tag{5.57}$$

を用いると

$$s_k = -\sinh d\cos\psi_k + j\cosh d\sin\psi_k \tag{5.58}$$

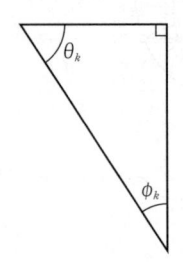

図 **5.7**　ϕ_k と ψ_k の関係

を得る。また
$$\theta_k = \pi - \psi_k = \frac{2k+N-1}{2N}\pi \quad (k=1,2,\cdots,2N) \tag{5.59}$$
より
$$\left.\begin{array}{l} \sin\theta_k = \sin(\pi-\psi_k) = \sin\psi_k \\ \cos\theta_k = \cos(\pi-\psi_k) = -\cos\psi_k \end{array}\right\} \tag{5.60}$$
であるので
$$s_k = \sinh d \cos\theta_k + j\cosh d \sin\theta_k \tag{5.61}$$
を得る。因果的で安定な伝達関数 $G_N(s)$ の極は左半平面に存在するので
$$\left.\begin{array}{l} s_k = \sinh d \cos\theta_k + j\cosh d \sin\theta_k \\ \theta_k = \dfrac{2k+N-1}{2N}\pi \quad (k=1,2,\cdots,N) \end{array}\right\} \tag{5.62}$$
を選び、チェビシェフフィルタの伝達関数 $G_N(s)$ を
$$G_N(s) = \begin{cases} \dfrac{-s_1 s_2 \cdots s_N}{(s-s_1)(s-s_2)\cdots(s-s_N)} & (N:\text{奇数}) \\ \dfrac{1}{\sqrt{1+\varepsilon^2}} \cdot \dfrac{s_1 s_2 \cdots s_N}{(s-s_1)(s-s_2)\cdots(s-s_N)} & (N:\text{偶数}) \end{cases} \tag{5.63}$$
によって導出する。

図 5.6(b) において $N=1$ のとき安定な極は $s_1 = \sinh d \cos(\pi) + j\cosh d \sin(\pi) = -\sinh d$ であるので、1 次チェビシェフフィルタの伝達関数 $G_1(s)$ は
$$G_1(s) = \frac{-s_1}{s-s_1} = \frac{\sinh d}{s+\sinh d} \tag{5.64}$$
になる。図 5.6(b) において $N=2$ のとき安定な極は $s_1 = \sinh d \cos(3\pi/4) + j\cosh d \sin(3\pi/4)$, $s_2 = \sinh d \cos(5\pi/4) + j\cosh d \sin(5\pi/4)$ であるので、2 次チェビシェフフィルタの伝達関数 $G_2(s)$ は
$$\left.\begin{array}{l} \sin\left(\dfrac{1}{4}\pi\right) = \sin\left(\dfrac{3}{4}\pi\right) = -\sin\left(\dfrac{5}{4}\pi\right) \\ -\cos\left(\dfrac{1}{4}\pi\right) = \cos\left(\dfrac{3}{4}\pi\right) = \cos\left(\dfrac{5}{4}\pi\right) \end{array}\right\} \tag{5.65}$$

を利用すると

$$
\begin{aligned}
G_2(s) &= \frac{1}{\sqrt{1+\varepsilon^2}} \cdot \frac{s_1 s_2}{(s-s_1)(s-s_2)} \\
&= \frac{1}{\sqrt{1+\varepsilon^2}} \cdot \frac{s_1 s_2}{s^2 - (s_1+s_2)s + s_1 s_2} \\
&= \frac{1}{\sqrt{1+\varepsilon^2}} \cdot \frac{p^2+q^2}{s^2 + 2\sinh d \cos\left(\frac{1}{4}\pi\right)s + (p^2+q^2)}
\end{aligned}
\tag{5.66}
$$

になる。ここで

$$
\left.
\begin{aligned}
p &= \sinh d \cos\left(\frac{3}{4}\pi\right) = -\sinh d \cos\left(\frac{1}{4}\pi\right) \\
q &= \cosh d \sin\left(\frac{5}{4}\pi\right) = \cosh d \sin\left(\frac{1}{4}\pi\right)
\end{aligned}
\right\}
\tag{5.67}
$$

としている。図 5.6(b) において $N=3$ のとき安定な極は $s_1 = \sinh d \cos(2\pi/3) + j\cosh d \sin(2\pi/3)$, $s_2 = \sinh d \cos(\pi) + j\cosh d \sin(\pi) = -\sinh d$, $s_3 = \sinh d \cos(4\pi/3) + j\cosh d \sin(4\pi/3)$ であるので, 3 次チェビシェフフィルタの伝達関数 $G_3(s)$ は

$$
\left.
\begin{aligned}
\sin\left(\frac{1}{3}\pi\right) &= \sin\left(\frac{2}{3}\pi\right) = -\sin\left(\frac{4}{3}\pi\right) \\
-\cos\left(\frac{1}{3}\pi\right) &= \cos\left(\frac{2}{3}\pi\right) = \cos\left(\frac{4}{3}\pi\right)
\end{aligned}
\right\}
\tag{5.68}
$$

を利用すると

$$
\begin{aligned}
G_3(s) &= \frac{-s_1 s_2 s_3}{(s-s_1)(s-s_2)(s-s_3)} = \frac{-s_2}{s-s_2} \cdot \frac{s_1 s_3}{(s-s_1)(s-s_3)} \\
&= \frac{-s_2}{s-s_2} \cdot \frac{s_1 s_3}{s^2 - (s_1+s_3)s + s_1 s_3} \\
&= \frac{\sinh d}{s+\sinh d} \cdot \frac{p^2+q^2}{s^2 + 2\sinh d \cos\left(\frac{1}{3}\pi\right)s + (p^2+q^2)}
\end{aligned}
\tag{5.69}
$$

になる。ここで

$$p = \sinh d \cos\left(\frac{2}{3}\pi\right) = -\sinh d \cos\left(\frac{1}{3}\pi\right) \\ q = \cosh d \sin\left(\frac{2}{3}\pi\right) = \cosh d \sin\left(\frac{1}{3}\pi\right) \Bigg\} \quad (5.70)$$

としている。同様にして $N \geqq 4$ について伝達関数を求めることができる。N 次チェビシェフフィルタの伝達関数 $G_N(s)$ は以下の方法で算出できる。

(4) チェビシェフフィルタの設計手順

1) 通過域許容減衰量 A_p〔dB〕と阻止域減衰量 A_r〔dB〕より次数を

$$N = \left\lceil \frac{\cosh^{-1}\left[\left(10^{-A_r/10} - 1\right) / \left(10^{-A_p/10} - 1\right)\right]^{1/2}}{\cosh^{-1}(\omega_r/\omega_p)} \right\rceil$$

によって決定する。

2)

$$\varepsilon = \sqrt{10^{-A_p/10} - 1}, \quad d = \frac{1}{N} \ln\left[\frac{1}{\varepsilon} + \sqrt{\left(\frac{1}{\varepsilon}\right)^2 + 1}\right]$$

を計算する。

3) N 次チェビシェフフィルタの遮断周波数を

$$\omega_c = \cosh\left[\frac{1}{N} \cosh^{-1} \frac{1}{\varepsilon}\right]$$

によって定める。

4) 伝達関数 $G_N(s)$ は，N が 3 以上の奇数の場合

$$G_N(s) = \frac{p_0}{s + p_0} \prod_{k=1}^{(N-1)/2} \frac{\delta_k^2}{s^2 + 2p_k s + \delta_k^2}$$

となる。ここで

$$p_0 = \sinh d, \quad p_k = \sinh d \cos\theta_k, \quad q_k = \cosh d \sin\theta_k$$
$$\theta_k = \frac{k}{N}\pi, \quad \delta_k^2 = p_k^2 + q_k^2 \qquad \left(k = 1, 2, \cdots, \frac{N-1}{2}\right)$$

である。また，N が偶数の場合

$$G_N(s) = \frac{1}{\sqrt{1+\varepsilon^2}} \prod_{k=1}^{N/2} \frac{\delta_k^2}{s^2 + 2p_k s + \delta_k^2}$$

となる。ここで

$$p_k = \sinh d \cos \theta_k, \quad q_k = \cosh d \sin \theta_k$$
$$\theta_k = \frac{2k-1}{2N}\pi, \quad \delta_k^2 = p_k^2 + q_k^2 \qquad \left(k = 1, 2, \cdots, \frac{N}{2}\right)$$

である。

5.1.4 アナログフィルタの周波数変換

周波数変換（frequency transformation）と呼ばれる変数の置き換えを行うことによって，アナログ基本 LPF($\omega_c = 1\,\mathrm{rad/s}$) から任意の遮断周波数 ω_c をもつ LPF, HPF, 任意の中心周波数 ω_c と中心周波数における任意の鋭さ Q をもつ BPF, BEF を得ることができる。表 5.1 にアナログフィルタの周波数変換式をまとめる。

表 5.1 アナログ基本 LPF ($\omega_c = 1\,\mathrm{rad/s}$) から他のアナログフィルタへの周波数変換

フィルタの種類	変換式	パラメータ
LPF (ω_c)	$s \to \dfrac{s}{\omega_c}$	
HPF (ω_c)	$s \to \dfrac{\omega_c}{s}$	
BPF ($\omega_2 > \omega_1$)	$s \to \dfrac{Q\left(s^2 + \omega_c^2\right)}{\omega_c s}$	$\omega_c = \sqrt{\omega_1 \cdot \omega_2}$
BEF ($\omega_2 > \omega_1$)	$s \to \dfrac{\omega_c s}{Q\left(s^2 + \omega_c^2\right)}$	$Q = \dfrac{\omega_c}{\omega_2 - \omega_1}$

基本 LPF

$$G_{\mathrm{LP}}(s) = \frac{1}{s+1} \tag{5.71}$$

に周波数変換 $s \to \omega_c/s$ を適用して遮断周波数 $\omega_c\,[\mathrm{rad/s}]$ の HPF を設計してみよう。HPF の伝達関数を $G_{\mathrm{HP}}(s)$ とすると

$$G_{\mathrm{HP}}(s) = G_{\mathrm{LP}}(s)\Big|_{s\to\omega_c/s} = \frac{1}{s+1}\Big|_{s\to\omega_c/s} = \frac{1}{\dfrac{\omega_c}{s}+1} = \frac{s}{s+\omega_c} \quad (5.72)$$

となる。極は $s = -\omega_c$ のように s 平面の左半平面に存在するので，設計した HPF は安定である。

つぎに，設計した HPF の周波数特性を求めてみよう。オイラーの公式を使用すると

$$G_{\mathrm{HP}}(\omega) = \frac{s}{s+\omega_c}\Big|_{s=j\omega} = \frac{j\omega}{\omega_c+j\omega} = \frac{\omega}{\sqrt{\omega^2+\omega_c^2}} \angle \tan^{-1}\frac{\omega_c}{\omega} \quad (5.73)$$

となる。図 **5.8** にアナログフィルタの振幅特性を示す。基本 LPF に周波数変換を適用すると，遮断周波数 $f_c = 10\,\mathrm{kHz}$ の HPF を実現することができる。

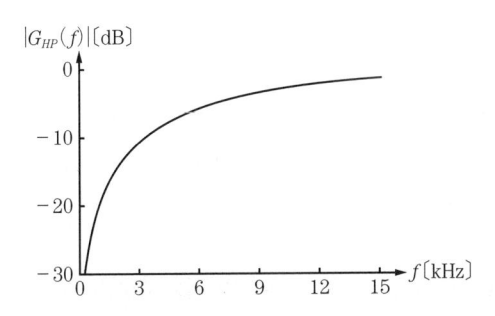

図 **5.8** HPF の振幅特性 ($f_c = 10\,\mathrm{kHz}$)

5.1.5 双 1 次変換法

アナログフィルタの振幅特性が条件

$$|G(\omega)| = 0 \quad (|\omega| > \pi/T_s) \quad (5.74)$$

を満たさない場合，折り返し誤差が発生し，希望する振幅特性を実現することができない。そこで，s 平面全体を z 平面に

$$s = c\frac{1-z^{-1}}{1+z^{-1}} \tag{5.75}$$

を用いて写像する。c は $c = 2/T_s$，または所望遮断周波数によって定められる値である。$z = a + jb$ とおいて式 (5.75) に代入すると

$$\begin{aligned} s &= c\left.\frac{1-z^{-1}}{1+z^{-1}}\right|_{z=a+jb} = c\left.\frac{z-1}{z+1}\right|_{z=a+jb} \\ &= c\frac{a+jb-1}{a+jb+1} = c\left\{\frac{a^2-1+b^2}{(a+1)^2+b^2} + j\frac{2b}{(a+1)^2+b^2}\right\} \\ &= \sigma + j\omega \end{aligned} \tag{5.76}$$

を得る。図 **5.9** に示すように s の実数部 σ が

$$\sigma = c\frac{a^2-1+b^2}{(a+1)^2+b^2} < 0 \tag{5.77}$$

であれば

$$|z| = a^2 + b^2 < 1 \tag{5.78}$$

より z 平面において z は単位円の内側に存在する。このように，双 1 次変換によって

s 平面の左半平面 $(\sigma < 0) \iff z$ 平面の単位円の内側 $(|z| < 1)$

に変換される。伝達関数 $G(s)$ の極が s 平面の左半平面に存在するアナログフィルタは安定である。一方，z 平面の単位円の内側に伝達関数 $H(z)$ の極が存在する場合，ディジタルフィルタは安定となる。このように，双 1 次変換を用いると，安定なアナログフィルタから安定なディジタルフィルタを導出することができる。

双 1 次変換を用いて設計したディジタルフィルタの周波数 ω_D とアナログフィルタの周波数 ω の関係を求めてみよう。$z = e^{j\omega_D T_s}$ と $s = j\omega$ を式 (5.75) に代入すると

5.1 IIR フィルタの設計

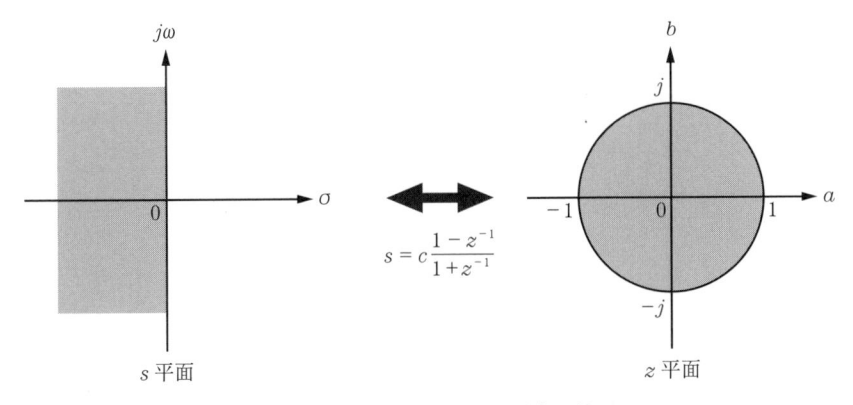

図 5.9 s 平面と z 平面の対応関係

$$\begin{aligned}j\omega &= c\frac{1-e^{-j\omega_D T_s}}{1+e^{-j\omega_D T_s}} \\ &= c\frac{e^{j\omega_D T_s/2}-e^{-j\omega_D T_s/2}}{e^{j\omega_D T_s/2}+e^{-j\omega_D T_s/2}} \\ &= jc\tan\left(\frac{\omega_D T_s}{2}\right)\end{aligned} \qquad (5.79)$$

となる。すなわち，ω と ω_D には

$$\begin{aligned}\omega &= c\tan\left(\frac{\omega_D T_s}{2}\right) \\ &= c\tan\left(\frac{\omega_D}{2f_s}\right)\end{aligned} \qquad (5.80)$$

なる関係が存在する。図 5.10 に両者の関係を図示する。$c = 2/T_s$, $f_s = 1/T_s =$ 30 kHz としている。$f = 1\,\text{kHz} \leftrightarrow f_D = 1\,\text{kHz}$ のように周波数が低い場合，両者は比例関係にある。しかし，$f = 10\,\text{kHz} \leftrightarrow f_D = 7.7\,\text{kHz}$ のように周波数が高くなると，両者は比例関係から大きくはずれる。このように，両者間には非線形の関係が存在する。実際の設計では，双 1 次変換を用いて設計したディジタルフィルタの遮断周波数，通過・阻止域端周波数などが希望の値になるように，アナログフィルタの設計に使用される遮断周波数，通過・阻止域端周波数などは，あらかじめ式 (5.80) を用いて変換しておく必要がある。この操作をプリワーピング（prewarping）という。

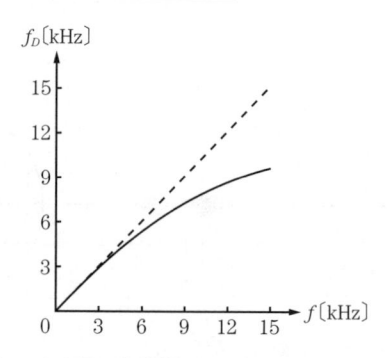

図 5.10 双 1 次変換における f と f_D の関係

5.1.6　$s-z$ 変　換

式 (5.75) の c を適切に決定することによってアナログ周波数変換を使用することなくアナログ基本 LPF から直接ディジタル LPF, HPF, BPF, BEF を求める方法を $s-z$ 変換という。

アナログ LPF とディジタル LPF の遮断周波数をそれぞれ ω_c, ω_{D_c} と表記すると，式 (5.80) より

$$\omega_c = c_{\text{LP}} \tan\left(\frac{\omega_{D_c} T_s}{2}\right) \tag{5.81}$$

となる。アナログ LPF が基本 LPF ($\omega_c = 1\,\text{rad/s}$) であるとき

$$c_{\text{LP}} = \cot\left(\frac{\omega_{D_c} T_s}{2}\right) \tag{5.82}$$

を式 (5.75) に代入すると

$$s = \cot\left(\frac{\omega_{D_c} T_s}{2}\right) \frac{1-z^{-1}}{1+z^{-1}} \tag{5.83}$$

が求められる。このように，アナログ基本 LPF に式 (5.83) を適用することによって遮断周波数 ω_{D_c} のディジタル LPF を直接求めることができる。

アナログ基本 LPF からアナログ周波数変換を用いて任意の遮断周波数 ω_c をもつアナログ HPF を求めるには，$s \to \omega_c/s$ に置き換える。次いで，遮断周波数 ω_c のアナログ HPF にプリワーピングと双 1 次変換法を適用して IIR フィルタを設計する。

アナログ基本 LPF から遮断周波数 ω_{D_c} のディジタル HPF を直接求めるために，式 (5.75) の逆数

$$s = c_{\mathrm{HP}} \frac{1 + z^{-1}}{1 - z^{-1}} \tag{5.84}$$

を用いる。$z = e^{j\omega_D T_s}$ と $s = j\omega$ を式 (5.84) に代入すると

$$\omega = c_{\mathrm{HP}} \cdot \cot\left(\frac{\omega_D T_s}{2}\right) \tag{5.85}$$

を得る。アナログ LPF の遮断周波数を ω_c と表記すると，アナログ LPF が基本 LPF ($\omega_c = 1\,\mathrm{rad/s}$) であるとき

$$c_{\mathrm{HP}} = \tan\left(\frac{\omega_{D_c} T_s}{2}\right) \tag{5.86}$$

より

$$s = \tan\left(\frac{\omega_{D_c} T_s}{2}\right) \frac{1 + z^{-1}}{1 - z^{-1}} \tag{5.87}$$

によってアナログ基本 LPF から遮断周波数 ω_{D_c} のディジタル HPF が直接求めることができる。

アナログ基本 LPF からアナログ周波数変換を用いて任意の中心周波数 ω_c をもつアナログ BPF を求めるには，$s \to Q\left(s^2 + \omega_c^2\right)/(\omega_c s)$ に置き換える。次いで，中心周波数 ω_c のアナログ BPF にプリワーピングと双 1 次変換法を適用して IIR フィルタを設計する。

アナログ基本 LPF から中心周波数 ω_{D_c} のディジタル BPF を直接求めるために，式 (5.75) を $Q\left(s^2 + \omega_c^2\right)/(\omega_c s)$ に代入すると

$$s = c_{\mathrm{BP}} \frac{1 - 2\alpha_{\mathrm{BP}} z^{-1} + z^{-2}}{1 - z^{-2}} \tag{5.88}$$

を得る。$z = e^{j\omega_D T_s}$ と $s = j\omega$ を式 (5.88) に代入すると

$$\omega = c_{\mathrm{BP}} \cdot \frac{\alpha_{\mathrm{BP}} - \cos \omega_D T_s}{\sin \omega_D T_s} \tag{5.89}$$

を得る。$\omega = 0$ を BPF の中心周波数 ω_{D_c} に対応づけると

$$\omega_{D_c} = \frac{1}{T_s} \cos^{-1} \alpha_{\mathrm{BP}} \tag{5.90}$$

となる. アナログ基本 LPF の遮断周波数 $\omega_c = 1\,\mathrm{rad/s}$ を BPF の遮断周波数 $\omega_{D_1}, \omega_{D_2}$ に対応づけると

$$-\omega_c = c_{\mathrm{BP}} \cdot \frac{\alpha_{\mathrm{BP}} - \cos\omega_{D_1} T_s}{\sin\omega_{D_1} T_s}, \quad \omega_c =_{\mathrm{BP}} \cdot \frac{\alpha_{\mathrm{BP}} - \cos\omega_{D_2} T_s}{\sin\omega_{D_2} T_s} \tag{5.91}$$

より

$$-\frac{\alpha_{\mathrm{BP}} - \cos\omega_{D_1} T_s}{\sin\omega_{D_1} T_s} = \frac{\alpha_{\mathrm{BP}} - \cos\omega_{D_2} T_s}{\sin\omega_{D_2} T_s} \tag{5.92}$$

を解いて

$$\alpha_{\mathrm{BP}} = \frac{\cos\left(\dfrac{\omega_{D_2}+\omega_{D_1}}{2}T_s\right)}{\cos\left(\dfrac{\omega_{D_2}-\omega_{D_1}}{2}T_s\right)}, \quad c_{\mathrm{BP}} = \cot\left(\frac{\omega_{D_2}-\omega_{D_1}}{2}T_s\right) \tag{5.93}$$

を得る. 式 (5.88), 式 (5.93) によってアナログ基本 LPF から中心周波数 ω_{D_c}, 遮断周波数 $\omega_{D_1}, \omega_{D_2}$ のディジタル BPF が直接求めることができる.

アナログ基本 LPF からアナログ周波数変換を用いて任意の中心周波数 ω_c をもつアナログ BEF を求めるには, $s \to \omega_c s/\left\{Q\left(s^2+\omega_c^2\right)\right\}$ に置き換える. 次いで, 中心周波数 ω_c のアナログ BEF にプリワーピングと双 1 次変換法を適用して IIR フィルタを設計する.

アナログ基本 LPF から中心周波数 ω_{D_c} のディジタル BEF を直接求めるために, 式 (5.75) を $\omega_c s/\left\{Q\left(s^2+\omega_c^2\right)\right\}$ に代入すると

$$s = c_{\mathrm{BE}} \frac{1-z^{-2}}{1-2\alpha_{\mathrm{BE}} z^{-1} + z^{-2}} \tag{5.94}$$

を得る. $z = e^{j\omega_D T_s}$ と $s = j\omega$ を式 (5.94) に代入すると

$$\omega = c_{\mathrm{BE}} \cdot \frac{\sin\omega_D T_s}{\alpha_{\mathrm{BE}} - \cos\omega_D T_s} \tag{5.95}$$

を得る. $\omega = 0$ を BEF の中心周波数 ω_{D_c} に対応づけると

$$\omega_{D_c} = \frac{1}{T_s} \cos^{-1} \alpha_{\mathrm{BE}} \tag{5.96}$$

5.1 IIR フィルタの設計

となる。アナログ基本 LPF の遮断周波数 $\omega_c = 1\,\mathrm{rad/s}$ を BEF の遮断周波数 $\omega_{D_1}, \omega_{D_2}$ に対応づけると

$$-\omega_c = c_{\mathrm{BE}} \cdot \frac{\sin \omega_{D_1} T_s}{\alpha_{\mathrm{BE}} - \cos \omega_{D_1} T_s}, \quad \omega_c = c_{\mathrm{BE}} \cdot \frac{\sin \omega_{D_2} T_s}{\alpha_{\mathrm{BE}} - \cos \omega_{D_2} T_s} \quad (5.97)$$

より

$$-\frac{\sin \omega_{D_1} T_s}{\alpha_{\mathrm{BE}} - \cos \omega_{D_1} T_s} = \frac{\sin \omega_{D_2} T_s}{\alpha_{\mathrm{BE}} - \cos \omega_{D_2} T_s} \quad (5.98)$$

を解いて

$$\alpha_{\mathrm{BE}} = \frac{\cos\left(\dfrac{\omega_{D_2} + \omega_{D_1}}{2} T_s\right)}{\cos\left(\dfrac{\omega_{D_2} - \omega_{D_1}}{2} T_s\right)}, \quad c_{\mathrm{BE}} = \tan\left(\frac{\omega_{D_2} - \omega_{D_1}}{2} T_s\right) \quad (5.99)$$

を得る。式 (5.94), 式 (5.99) によってアナログ基本 LPF から中心周波数 ω_{D_c}, 遮断周波数 $\omega_{D_1}, \omega_{D_2}$ のディジタル BEF が直接求められる。

表 5.2 に $s-z$ 変換をまとめる。

表 5.2 $s-z$ 変換

フィルタの種類	変換式	パラメータ
LPF (ω_{D_c})	$s = c\dfrac{1-z^{-1}}{1+z^{-1}}$	$c = \cot\left(\dfrac{\omega_{D_c} T_s}{2}\right)$
HPF (ω_{D_c})	$s = c\dfrac{1+z^{-1}}{1-z^{-1}}$	$c = \tan\left(\dfrac{\omega_{D_c} T_s}{2}\right)$
BPF $(\omega_{D_2} > \omega_{D_1})$	$s = c\dfrac{1 - 2\alpha z^{-1} + z^{-2}}{1 - z^{-2}}$	$\alpha = \dfrac{\cos\left(\dfrac{\omega_{D_2} + \omega_{D_1}}{2} T_s\right)}{\cos\left(\dfrac{\omega_{D_2} - \omega_{D_1}}{2} T_s\right)}$ $c = \cot\left(\dfrac{\omega_{D_2} - \omega_{D_1}}{2} T_s\right)$
BEF $(\omega_{D_2} > \omega_{D_1})$	$s = c\dfrac{1 - z^{-2}}{1 - 2\alpha z^{-1} + z^{-2}}$	$\alpha = \dfrac{\cos\left(\dfrac{\omega_{D_2} + \omega_{D_1}}{2} T_s\right)}{\cos\left(\dfrac{\omega_{D_2} - \omega_{D_1}}{2} T_s\right)}$ $c = \tan\left(\dfrac{\omega_{D_2} - \omega_{D_1}}{2} T_s\right)$

5.1.7 IIR フィルタの設計手順

1) アナログ基本 LPF の伝達関数 $G(s)$ を計算する。
2) $s-z$ 変換 (表 5.2) によりアナログ基本 LPF から設計対象の IIR フィルタ (LPF, HPF, BPF, BEF) の伝達関数 $H(z)$ を求める。

5.1.8 双 1 次変換の適用例

双 1 次変換法を用いて，式 (5.71) に示したアナログ LPF の伝達関数をディジタルフィルタの伝達関数に変換し，インパルス応答と振幅特性を求めてみよう。

双 1 次変換を用いると，伝達関数は

$$H_{\mathrm{HP}}(z) = \left.\frac{s}{s+\omega_c}\right|_{s=c(1+z^{-1})/(1-z^{-1})} = \frac{1-z^{-1}}{c+1+(c-1)z^{-1}} \quad (5.100)$$

と変換できる。$H(z)$ の極 $z = -(c-1)/(c+1)$ の大きさは $|-(c-1)/(c+1)| < 1$ であるので，求めたディジタルフィルタは安定である。差分方程式は，伝達関数の定義

$$\begin{aligned}H_{\mathrm{HP}}(z) &= \frac{Y(z)}{X(z)} = \frac{V(z)}{X(z)} \cdot \frac{Y(z)}{V(z)} \\ &= \frac{1}{1+\frac{c-1}{c+1}z^{-1}} \cdot \frac{1}{c+1}\left(1-z^{-1}\right)\end{aligned} \quad (5.101)$$

を用いて，伝達関数を

$$\left.\begin{aligned}\left(1+\frac{c-1}{c+1}z^{-1}\right)V(z) &= X(z) \\ Y(z) &= \frac{1}{c+1}\left(1-z^{-1}\right)V(z)\end{aligned}\right\} \quad (5.102)$$

と変形し，両辺を逆 z 変換すると

$$\left.\begin{aligned}v(nT_s) + \frac{c-1}{c+1}v\{(n-1)T_s\} &= x(nT_s) \\ y(nT_s) &= \frac{1}{c+1}[v(nT_s) - v\{(n-1)T_s\}]\end{aligned}\right\} \quad (5.103)$$

のように求めることができる。差分方程式より求めたディジタルフィルタを図 **5.11** に示す。

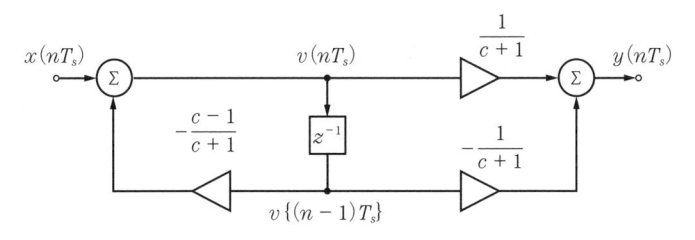

図 5.11 双 1 次変換法を用いて設計した IIR フィルタ

（ 1 ） プリワーピングの適用例　標本化周波数を $f_s = 1/T_s = 30\,\mathrm{kHz}$ として遮断周波数 $f_c = 10\,\mathrm{kHz}$ の HPF を設計してみよう．IIR フィルタで遮断周波数 $f_c = 10\,\mathrm{kHz}$ の HPF を実現するには，式 (5.86) より

$$c_{\mathrm{HP}} = \tan\left(\frac{\omega_{D_c} T_s}{2}\right) = \tan\left(\frac{2\pi 10 \times 10^3}{2 \times 30 \times 10^3}\right) \simeq 1.732 \tag{5.104}$$

とすればよい．設計したディジタルフィルタの周波数特性を求め，希望する周波数特性を実現できるか否かを調べてみよう．図 5.11 に示すディジタルフィルタの周波数特性 $H_{\mathrm{HP}}(\omega)$ は，オイラーの公式を使用すると

$$\begin{aligned}H_{\mathrm{HP}}(\omega) &= \frac{1}{c_{\mathrm{HP}}+1} \cdot \left.\frac{1-z^{-1}}{1+\dfrac{c_{\mathrm{HP}}-1}{c_{\mathrm{HP}}+1}z^{-1}}\right|_{z=e^{j\omega T_s}} = \left.a_0 \frac{1-z^{-1}}{1-b_1 z^{-1}}\right|_{z=e^{j\omega T_s}} \\ &= a_0 \frac{1-\cos\omega T_s + j\sin\omega T_s}{1-b_1(\cos\omega T_s - j\sin\omega T_s)} \\ &= a_0 \frac{\sqrt{(1-\cos\omega T_s)^2 + \sin^2\omega T_s}}{\sqrt{(1-b_1\cos\omega T_s)^2 + b_1^2 \sin^2\omega T_s}} \angle \tan^{-1}\frac{(1-b_1)\sin\omega T_s}{(1+b_1)(1-\cos\omega T_s)}\end{aligned} \tag{5.105}$$

となる[†]．ここで

$$a_0 = \frac{1}{c_{\mathrm{HP}}+1}, \quad b_1 = -\frac{c_{\mathrm{HP}}-1}{c_{\mathrm{HP}}+1} \tag{5.106}$$

としている．

[†] $\tan(\alpha \pm \beta) = \dfrac{\tan\alpha \pm \tan\beta}{1 \mp \tan\alpha\tan\beta}$

3章で使用したプログラム (ampView.cpp) の Magnitude() に変更を加えて，図5.11のディジタルフィルタの振幅特性を求めてみよう。

bliirhpfamp.exe

① 周波数特性の分子を計算するために

```
double numerator,numerator_real,numerator_imaginary;
```

を既存の配列宣言

```
double a[2]={0.0},b[2]={0.0};
```

の後に付け加える。

②

```
a[0] = 0.1;
b[1] = 0.9;
```

をディジタルフィルタの遮断周波数，プリワーピングによるパラメータの設定，乗算係数を計算する行

```
double omega_d = 2.0*pi*10000.0;
double chp = tan(omega_d*ts/2.0);
a[0]=1.0/(chp+1.0);
b[1]=-(chp-1.0)/(chp+1.0);
```

に書き換える。

③ 周波数特性の分子実・虚数部とその大きさを計算するために

```
numerator_real=1.0-cos(omega*ts);
numerator_imaginary=sin(omega*ts);
numerator=pow(numerator_real,2.0);
numerator+=pow(numerator_imaginary,2.0);
```

を角周波数を計算する行

```
omega=2.0*pi*frequency;
```

の後に付け加える。

④ 振幅を計算する行を

amplitude=a[0]/sqrt(denominator);

から

amplitude=a[0]*sqrt(numerator)/sqrt(denominator);

に変更する。

上記の変更を加えたプログラムの実行結果を 図 5.12 に示す。図 5.11 のディジタルフィルタが遮断周波数 10 kHz の HPF であることが確認できる。

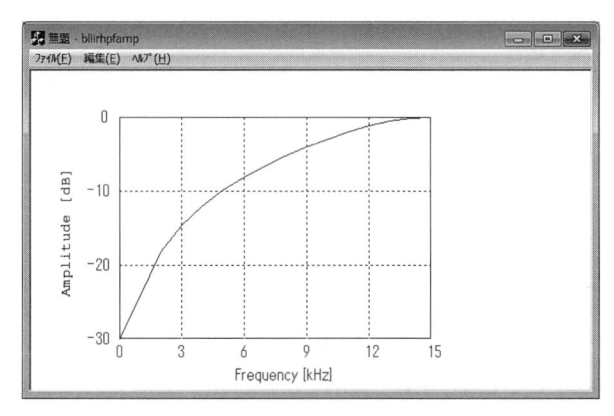

図 5.12 双 1 次変換法を用いて設計した IIR フィルタの振幅特性

5.2 FIR フィルタの設計

FIR フィルタは
- 直線位相特性を実現できるので，位相ひずみが生じない
- 安定性がつねに保証されているので，安定性を考慮することなく乗算係数を決定できる

などの優れた特徴を有している。ここでは，FIR フィルタの代表的な設計方法として，希望する周波数特性を IDFT(または IFFT) を用いて直接近似する設計方法と窓関数による設計方法について説明する。

5.2.1 直線位相特性

遅延時間 LT_s の理想的な遅延器では，入出力関係は

$$y(nT_s) = x\{(n-L)T_s\} \tag{5.107}$$

で表される。両辺の z 変換

$$Y(z) = z^{-L}X(z) \tag{5.108}$$

より伝達関数

$$H(z) = \frac{Y(z)}{X(z)} = z^{-L} \tag{5.109}$$

を得る。

$$H(\omega) = H(z)\Big|_{z=e^{j\omega T_s}} = e^{-j\omega LT_s} \tag{5.110}$$

より APF の周波数特性

$$|H(\omega)| = 1, \quad \angle H(\omega) = -\omega LT_s \tag{5.111}$$

が求められる。位相特性 $\angle H(\omega)$ を ω で微分して -1 倍すると，**群遅延特性**（group delay）

$$\tau(\omega) = -\frac{d\angle H(\omega)}{d\omega} = LT_s \tag{5.112}$$

を得る。群遅延特性が周波数に無関係に一定で正値であるので，位相特性は周波数に比例して遅れることを示している。このような位相特性を**直線位相特性**（linear phase response），または線形位相特性という。

遅延時間 LT_s の理想的な遅延器に

$$x(nT_s) = A_1 \sin(\omega_1 nT_s) + A_2 \sin(\omega_2 nT_s) \tag{5.113}$$

を入力すると

$$y(nT_s) = A_1 \sin\{\omega_1(n-L)T_s\} + A_2 \sin\{\omega_2(n-L)T_s\} \tag{5.114}$$

が出力される。これは，入力 $x(nT_s)$ が LT_s 秒遅れて出力され，出力波形は変化しないことを示している。一方，直線位相特性をもたない遅延器では

$$y(nT_s) = A_1 \sin\{\omega_1(n-L_1)T_s\} + A_2 \sin\{\omega_2(n-L_2)T_s\} \quad (5.115)$$

が出力される。$L_1 = L$, $L_1 \neq L_2$ とすると，周波数 ω_2 において理想的な遅延器の出力と時間遅れが異なるだけであるが，$|H(\omega)| = 1$ であっても入力波形と出力波形は異なる。画像，通信，医用などの分野では波形が重要であるので，直線位相特性を有するフィルタが用いられる。

直線位相特性は FIR フィルタのみによって実現することができ，直線位相特性を有する FIR フィルタを直線位相 FIR フィルタという。FIR フィルタが直線位相特性を有する必要十分条件は，N 次 FIR フィルタの乗算係数を $a_n\,(n=0,1,\cdots,N)$ で表記すると

$$\left.\begin{array}{l}\text{条件 I(偶対称):} \quad a_n = a_{N-n}\,(n=0,1,\cdots,N) \\ \text{条件 II(奇対称):} \quad a_n = -a_{N-n}\,(n=0,1,\cdots,N)\end{array}\right\} \quad (5.116)$$

である。条件 I は乗算係数が $n = N/2$ を中心とした偶対称，条件 II は奇対称であることを要求している。

5.2.2 直線位相 FIR フィルタの設計

次数 $2M$ の FIR フィルタのインパルス応答 $h(nT_s)$ を，MT_s を中心とする偶対称

$$h(nT_s) = \begin{cases} h\{(2M-n)T_s\} & (n=0,1,\cdots,2M) \\ 0 & (n<0,\,n>2M) \end{cases} \quad (5.117)$$

とすると，$h(nT_s)$ の z 変換は

$$H(z) = \mathcal{Z}[h(nT_s)] = \sum_{n=0}^{2M} h(nT_s) z^{-n}$$

$$= \sum_{n=0}^{M-1} h(nT_s) z^{-n} + h(MT_s) z^{-M} + \sum_{n=M+1}^{2M} h(nT_s) z^{-n}$$

$$= \sum_{m=1}^{M} h\{(M-m)T_s\}z^{-(M-m)} + h(MT_s)z^{-M}$$

$$+ \sum_{m=1}^{M} h\{(M+m)T_s\}z^{-(M+m)}$$

$$= \alpha(0)z^{-M} + \sum_{m=1}^{M} \alpha(mT_s)\left\{z^{-(M-m)} + z^{-(M+m)}\right\}$$

$$= \left\{\alpha(0) + \sum_{m=1}^{M} \alpha(mT_s)\left(z^m + z^{-m}\right)\right\}z^{-M} \qquad (5.118)$$

となる。ここで

$$h\{(M+m)T_s\} = h\{(M-m)T_s\} = \alpha(mT_s) \quad (m=0,1,\cdots,M) \quad (5.119)$$

としている。式 (5.117) のインパルス応答を有する FIR フィルタを図 **5.13** に示す。

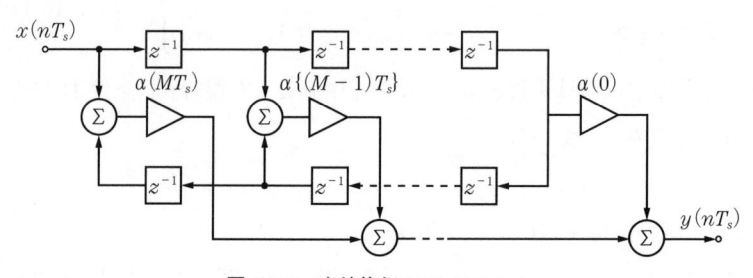

図 **5.13** 直線位相 FIR フィルタ

図に示すディジタルフィルタの周波数特性 $H(\omega)$ は，オイラーの公式を使用すると

$$H(\omega) = H(z)\Big|_{z=e^{j\omega T_s}} = \left\{\alpha(0) + 2\sum_{m=1}^{M}\alpha(mT_s)\cos m\omega T_s\right\}e^{-j\omega MT_s}$$

$$= \left|\alpha(0) + 2\sum_{m=1}^{M}\alpha(mT_s)\cos m\omega T_s\right|\angle -\omega MT_s \qquad (5.120)$$

となる。周波数特性 $H(\omega)$ は周期 $2\pi/T_s$ で繰り返す周期関数である。また，位

相特性は直線位相特性であることがわかる。希望する周波数特性を $H_d(\omega)$ とすると，直線位相 FIR フィルタの最適な乗算係数 $\alpha(mT_s)$ は，平均 2 乗誤差

$$E = \frac{T_s}{2\pi} \int_{-\pi/T_s}^{\pi/T_s} |H_d(\omega) - H(\omega)|^2 d\omega \tag{5.121}$$

を乗算係数 $\alpha(mT_s)$ で偏微分して零に等しくすると

$$\alpha(mT_s) = \frac{T_s}{2\pi} \int_{-\pi/T_s}^{\pi/T_s} |H_d(\omega)| e^{jm\omega T_s} d\omega \tag{5.122}$$

となる。乗算係数 $\alpha(mT_s)$ は実数であるので，振幅特性は偶関数

$$|H(-\omega)| = |H(\omega)| \tag{5.123}$$

位相特性は奇関数

$$\angle H(-\omega) = -\angle H(\omega) \tag{5.124}$$

である。ここで

$$|H(\omega)| = \left| \alpha(0) + 2 \sum_{m=1}^{M} \alpha(mT_s) \cos m\omega T_s \right|, \quad \angle H(\omega) = -\omega M T_s \tag{5.125}$$

としている。

実際の設計においては IDFT の使用が便利である。$0 \leq f \leq f_s (= 1/T_s)$ の周波数帯域において，希望する振幅特性 $|H_d(\omega)|$ を N 等分すると

$$|H_d(kf_0)| = |H_d(\omega)|\Big|_{\omega=2\pi k/(NT_s)} \quad (k = 0, 1, \cdots, N-1) \tag{5.126}$$

となる。$f_0 = 1/(NT_s)$ である。$\omega = 2\pi k/(NT_s)$ に注意すると，最適な乗算係数は

$$\alpha(mT_s) = \frac{1}{N} \sum_{k=0}^{N-1} |H_d(kf_0)| e^{j2\pi km/N} \quad (m = 0, 1, \cdots, M) \tag{5.127}$$

で求められる。式 (5.127) は，IDFT(または IFFT) を利用して最適な乗算係数が求められることを示している。乗算係数 $\alpha(mT_s)$ は実数であるので，周波数特性には

$$\left. \begin{array}{l} |H\{(N-k)f_0\}| = |H(kf_0)| \quad (k=0,1,\cdots,N-1) \\ \angle H\{(N-k)f_0\} = -\angle H(kf_0) \quad (k=0,1,\cdots,N-1) \end{array} \right\} \quad (5.128)$$

なる関係が存在しなければならない。また，$M+1$ 個の乗算係数を決定するために，分割数は

$$N \geqq 2M+1 \tag{5.129}$$

を満足するように決定しなければならない。

5.2.3 直線位相 FIR の設計例

図 5.14 に示すように，理想低域通過特性を $150(=N)$ 等分した標本値

$$\left|H_d(200k)\right| = \begin{cases} 1 & (0 \leqq k \leqq 25, \ 125 \leqq k \leqq 149) \\ 0.5 & (k=26, 124) \\ 0 & (27 \leqq k \leqq 123) \end{cases} \tag{5.130}$$

を希望振幅特性とする。標本化周波数は $30\,\mathrm{kHz}$ としている。この特性を直線位相 FIR フィルタで実現してみよう。ただし，式 (5.129) より，フィルタの次数は $2M=32$ とする。

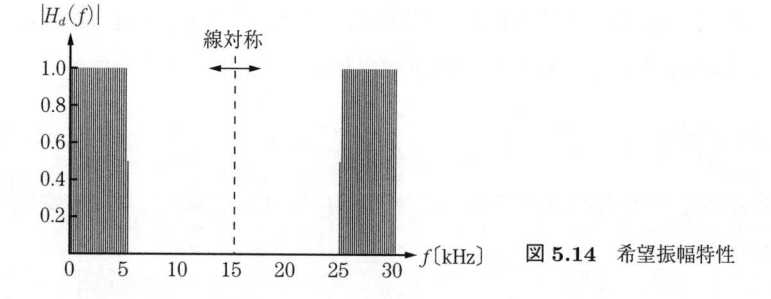

図 5.14 希望振幅特性

図 5.15 と図 5.16 に IDFT を用いた設計プログラムを示す。つぎに，プログラムの内容を順番に説明する。

lpfirlpfdsn.cpp

―――― プログラム 5-1 (lpfirlpfdsn.cpp) ――――

```
1  #include "stdafx.h"
2  #include <math.h> // ANSI C 標準ライブラリ関数の指定
3  #include <stdio.h> // ANSI C 標準ライブラリ関数の指定
4  #include <conio.h>
5
6  typedef struct{  // 構造体による複素数型の宣言
7      double   real;
8      double   imag;
9  } COMPLEX;
10
11 COMPLEX multiplication(COMPLEX a, COMPLEX b){
12     COMPLEX c;  // 変数 c を 64 ビットの複素数型で宣言
13     c.real=a.real*b.real-a.imag*b.imag; // 複素数 a と b の実数部の乗算
14     c.imag=a.real*b.imag+a.imag*b.real; // 複素数 a と b の虚数部の乗算
15     return c;  // c を返す。
16 }
17
18 void ilpf( COMPLEX f[], int n, int fc ){ // 希望振幅特性の分割 (LPF)
19     for (int i=0; i<=fc; i++)
20        f[i].real = 1.0;
21     for (int i=n-fc; i<n; i++)
22        f[i].real = 1.0;
23     f[fc+1].real = 0.5;
24     f[n-fc-1].real = 0.5;
25     for (int i=fc+2; i<=n-fc-2; i++)
26        f[i].real = 0.0;
27     for (int i=0; i<n; i++) // 虚数部を零に設定
28        f[i].imag = 0.0;
29 }
30
31 void idft( COMPLEX lf[], COMPLEX sf[], int n, int m ){
32     COMPLEX *w=new COMPLEX[n*(m+1)];//メモリ領域 w[n*(m+1)] を 64 ビット
33     の複素数型で確保
34     double pi=acos(-1.0);  // 円周率の算出
35     double omega = 2.0*pi/(double)n; // 回転子の設定
36     int pos;
37
38     for (int i=0; i<=m; i++){
39        pos = n*i;
```

図 5.15 直線位相 FIR フィルタの設計プログラム

─── プログラム 5-2 (lpfirlpfdsn.cpp) ───

```
40      for (int j=0; j<n; j++){
41        double theta = (double)i*(double)j*omega;
42        w[pos].real=cos(theta);//DFT 行列の i 行 j 列の要素の実数部の設定
43        w[pos].imag=sin(theta);//DFT 行列の i 行 j 列の要素の虚数部の設定
44        pos++;
45      }
46    }
47    for (int i=0; i<=m; i++){
48      sf[i].real = 0.0; // 実数部の初期化
49      sf[i].imag = 0.0; // 虚数部の初期化
50      pos = n*i;
51      for (int j=0; j<n; j++){
52        COMPLEX multi = multiplication(w[pos], lf[j]); // 複素数の積
53        sf[i].real += multi.real; // 行列とベクトルの積 (実数)
54        sf[i].imag += multi.imag; // 行列とベクトルの積 (虚数)
55        pos++;
56      }
57      sf[i].real /= (double)n; // 1/N の乗算
58      sf[i].imag /= (double)n;
59    }
60    delete []w; // メモリ領域 w の解放
61  }
62
63  int _tmain(int argc, _TCHAR* argv[]){
64    int n = 150; // 希望振幅特性の標本点数 N の設定
65    int m = 16; // FIR フィルタの次数 2M を満足する M の値の設定
66    int ifc = 25; // lpf の通過域端
67    COMPLEX *sf=new COMPLEX[m+1];//メモリ領域 sf[m+1] を複素数型で確保
68    COMPLEX *lf=new COMPLEX[n];//メモリ領域 lf[n] を複素数型で確保
69
70    ilpf( lf, n, ifc );  //  希望帯域通過特性を N 等分する。
71    idft( lf, sf, n, m );  // M+1 個の最適な係数を求める。
72    for (int i=0; i<=m; i++)
73      printf("alpha(%2dTs) = %f \n",i,sf[i].real);
74    delete []lf; // メモリ領域 lf の解放
75    delete []sf; // メモリ領域 sf の解放
76    getch(); // プログラムの終了直前のポーズ機能
77    return 0;
78  }
```

図 5.16 直線位相 FIR フィルタの設計プログラム (つづき)

5.2 FIRフィルタの設計　　161

① ilpf(COMPLEX f[], int n, int fc) では，式 (5.130) に基づき 150(= N) 等分した希望振幅特性の標本値を f[i] に記憶する。n は分割数，fc は LPF の通過域端をそれぞれ示している。標本値は実数なので，虚数部 f[i].imag は零に設定する。

```
void ilpf( COMPLEX f[], int n, int fc ){ //希望振幅特性
の分割 (LPF)
    for (int i=0; i<=fc; i++)
      f[i].real = 1.0;
    for (int i=n-fc; i<n; i++)
      f[i].real = 1.0;
    f[fc+1].real = 0.5;
    f[n-fc-1].real = 0.5;
    for (int i=fc+2; i<=n-fc-2; i++)
      f[i].real = 0.0;
    for (int i=0; i<n; i++) //虚数部を零に設定
      f[i].imag = 0.0;
}
```

② 式 (5.127) に基づき IDFT を用いて最適な係数を計算するために，lpfirlpfdsn.cpp では idft(COMPLEX lf[], COMPLEX sf[], int n, int m) を使用する。

```
void idft(COMPLEX lf[], COMPLEX sf[], int n, int m){
    COMPLEX *w=new COMPLEX[n*(m+1)];//メモリ領域 w[n*(m+1)] を 64 ビットの複素数型で確保
    double pi=acos(-1.0);   // 円周率の算出
    double omega = 2.0*pi/(double)n; // 回転子の設定
    int pos;

    for (int i=0; i<=m; i++){
      pos = n*i;
        for (int j=0; j<n; j++){
          double theta = (double)i*(double)j*omega;
         w[pos].real=cos(theta);//DFT 行列の i 行 j 列の要素
の実数部の設定
         w[pos].imag=sin(theta);//DFT 行列の i 行 j 列の要素
の虚数部の設定
          pos++;
        }
```

```
      }
      for (int i=0; i<=m; i++){
        sf[i].real = 0.0; // 実数部の初期化
        sf[i].imag = 0.0; // 虚数部の初期化
        pos = n*i;
        for (int j=0; j<n; j++){
          COMPLEX multi = multiplication(w[pos], lf[j]);
// 複素数の積
          sf[i].real+=multi.real;//行列とベクトルの積 (実数)
          sf[i].imag+=multi.imag;//行列とベクトルの積 (虚数)
          pos++;
        }
        sf[i].real /= (double)n;    // 1/N の乗算
        sf[i].imag /= (double)n;
      }
      delete []w;   // メモリ領域 w の解放
    }
```

③ int _tmain(int argc, _TCHAR* argv[]) では直線位相 FIR フィルタの次数 $2M$ を満足する M の値と希望振幅特性の標本点数 N をそれぞれ設定する。ついで, ilpf(lf, n, ifc); で希望振幅特性の標本値を lf[i] に記憶し, idft(lf, sf, n, m); で最適な係数を求める。最後に求めた乗算係数 sf[i] を表示する。

```
    int _tmain(int argc, _TCHAR* argv[]){
      int n = 150;   // 希望振幅特性の標本点数 N の設定
      int m = 16;    // FIR フィルタの次数 2M を満足する M の値
の設定
      int ifc = 25;  // lpf の通過域端
      COMPLEX *sf=new COMPLEX[m+1];//メモリ領域 sf[m+1] を
64 ビットの複素数型で確保
      COMPLEX *lf=new COMPLEX[n];//メモリ領域 lf[n] を 64 ビ
ットの複素数型で確保

      ilpf( lf, n, ifc );   //希望帯域通過特性を N 等分する。
      idft( lf, sf, n, m ); //M+1 個の最適な係数を求める。
      for (int i=0; i<=m; i++)
        printf("alpha(%2dTs) = %f \n",i,sf[i].real);
```

```
        delete []lf;   // メモリ領域 lf の解放
        delete []sf;   // メモリ領域 sf の解放
        getch(); // プログラムの終了直前のポーズ機能
        return 0;
}
```

設計した直線位相 FIR フィルタの乗算係数を 図 **5.17** に示す.また,求めた乗算係数 $\alpha(mT_s)$ と式 (5.119) を用いて,求めたインパルス応答 $h\{(M \pm m)T_s\}$ を 図 **5.18** に図示する.インパルス応答が $16T_s (= MT_s)$ を中心に偶対称になっていることが確認できる.

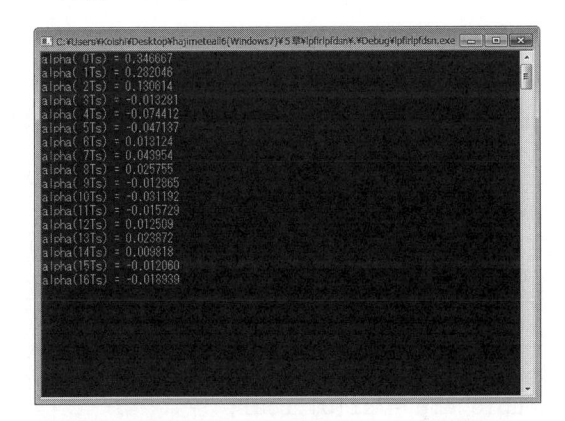

図 **5.17** 設計した直線位相 FIR フィルタの乗算係数

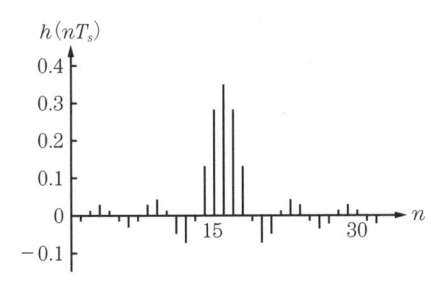

図 **5.18** 設計した直線位相 FIR フィルタのインパルス応答

つぎに,設計した直線位相 FIR フィルタの振幅特性を式 (5.120) を用いて求めてみよう.周波数特性を求めるために,図 5.15 と図 5.16 に示したプログラム

164   5. ディジタルフィルタの設計

lpfirlpfdsn.cpp の int _tmain(int argc, _TCHAR* argv[]) をつぎの
ように変更する。

lpfirlpfa.exe

① 振幅特性，標本化周期などを取り扱うために，int _tmain(int argc,
_TCHAR* argv[]) の宣言に
```
double ts=0.3333e-4;
double pi=acos(-1.0);
```
を追加する。

② 式 (5.120) に基づき直線位相 FIR フィルタの振幅特性を求めるために，int
_tmain(int argc, _TCHAR* argv[]) の乗算係数 fr[i].real を表
示する行
```
for (int i=0; i<=m; i++)
  printf("alpha(%2dTs) = %f \n",i,sf[i].real);
```
の代わりに
```
for (int i=0; i<=15000; i+=50){
  double omega=2.0*pi*(double)i;
  double amp = sf[0].real;
  for (int k=1; k<=m; k++)
    amp+=2.0*sf[k].real*cos((double)k*omega*ts);
  amp=sqrt(amp*amp);
  printf("|H(%5d)| = %f \n",i,20.0*log10(amp)); //電
圧利得表示の表示
}
```
を打ち込む。

図 5.19 に設計した直線位相 FIR フィルタの振幅特性を示す[†]。通過域では，
リプル (振動) はあるものの希望振幅特性をかなりよく近似している。しかし，
遷移域にリプルがあり，阻止域での減衰量は不十分であることがわかる。

[†] 5 章演習問題フォルダ内のプログラム lpfirexc.exe を実行すると，振幅特性を描画
できる。

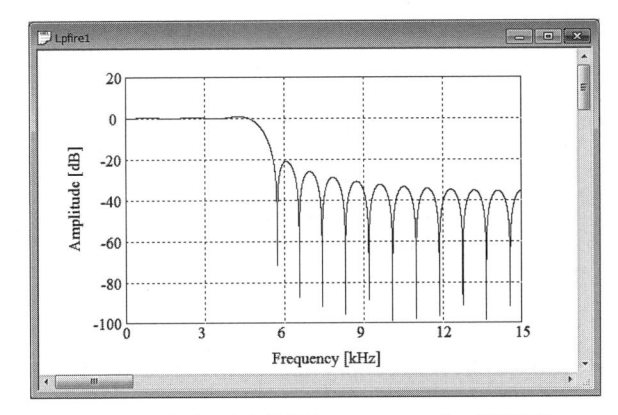

図 **5.19** 設計した直線位相 FIR フィルタの振幅特性

5.2.4 窓関数法

振幅特性の遷移域における大きなリプルを減少させ，阻止域における減衰量を大きくするために，**窓関数法**（technique using window）による設計が用いられる。窓関数法は，式 (5.127) から求めた $\alpha(mT_s)$ と窓関数 $w(m)$ の乗算

$$\alpha_w(mT_s) = w(M+m)\alpha(mT_s) \quad (m=0,1,\cdots,M) \tag{5.131}$$

を最適な乗算係数 $\alpha_w(mT_s)$ として用いるものである。式 (5.119) に示した乗算係数 $\alpha(mT_s)$ とインパルス応答 $h\{(M\pm m)T_s\}$ の関係を用いると，式 (5.131) はインパルス応答 $h(nT_s)$ と窓関数 $w(n)$ の乗算

$$h_w(nT_s) = w(n)h(nT_s) \quad (n=0,1,\cdots,2M) \tag{5.132}$$

に一致する。

5.2.5 窓関数法による設計例

表 4.3 に示した窓関数からハミング窓を選択し，式 (5.131) に示した窓関数法を用いて直線位相 FIR フィルタを設計してみよう。直線位相 FIR フィルタの振幅特性を求めるプログラムにつぎの変更を加える。

lpfirlpfaH.exe

① ハミング窓 (0.54-0.46*cos(omega)) を乗算するために，ハミング窓関数

```
void HammingforLPFIR( COMPLEX sf[], int m ){
  double pi=acos(-1.0); // 円周率の算出
  for (int i=0; i<=m; i++){
    double omega = 2.0*pi*(double)(m+i)/(double)(2*m);
    sf[i].real*=(0.54-0.46*cos(omega));  //ハミング窓
  }
}
```

を idft(COMPLEX lf[], COMPLEX sf[], int n, int m) の後に打ち込む．

② 希望振幅特性の標本値 sf[i].real にハミング窓を乗算するために, int _tmain(int argc, _TCHAR* argv[]) の関数

```
idft( lf, sf, n, m );
```

の後にハミング窓関数

```
HammingforLPFIR( sf, m );
```

を打ち込む．

図 5.20 に窓関数法を用いて設計した直線位相 FIR フィルタの振幅特性を示す[†]．窓関数法では式 (5.121) の平均 2 乗誤差 E を最小にするような乗算係数は求めていないが，窓関数を使用しない場合に比べ通過域のリプルが非常に小さいうえ，阻止域の減衰量が大きくなっている．この結果は，窓関数法による振幅特性の近似が窓関数の特性に大きく依存することを意味している．このように，窓関数法による設計では，設計仕様を満足するように適切な窓関数を注意深く選択する必要がある．このほか，設計仕様を満足するためには，FIR フィルタの次数 $2M$ を増やして仕様を満足するまで同じ手順を繰り返すことが必要である．

[†] 5章演習問題フォルダ内のプログラム lpfirexc.exe を実行すると，振幅特性を描画できる．

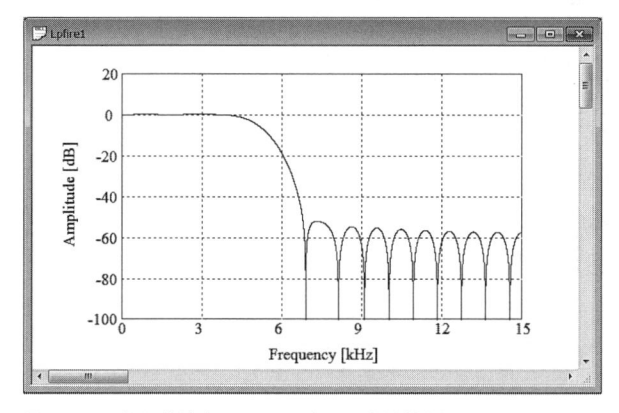

図 5.20 窓関数法を用いて設計した直線位相 FIR フィルタの振幅特性

5.3 ディジタルフィルタの構成

差分方程式，または伝達関数が与えられたとき，加算器，乗算器，遅延器をどのように組み合わせればディジタルフィルタを構成できるのであろうか。ここでは，IIR と FIR フィルタに分け，それぞれの構成方法について説明する。

5.3.1 IIR フィルタの構成

(1) **直接形構成**　　伝達関数の分子と分母を

$$H(z) = \frac{\sum_{k=0}^{M} a_k z^{-k}}{1 - \sum_{l=1}^{N} b_l z^{-l}}$$

$$= \left(\sum_{k=0}^{M} a_k z^{-k} \right) \cdot \frac{1}{\left(1 - \sum_{l=1}^{N} b_l z^{-l} \right)} \quad (5.133)$$

のように分解した後，分子と分母ごとにフィルタを構成し，これらを直列接続

したものが**直接形構成**(direct-form realization) である。構成例を図 **5.21** に示す。式 (5.133) の乗算の順序を入れ替えると，構成も分子部分と分母部分のフィルタを入れ換えた構成になる。中央の 2 列の遅延器へは等しい信号が入力するので，遅延器を共有すると遅延器の数を最小にすることができる。このような構成を**標準形構成**(canonical-form realization) という。$M = N$ の場合の構成例を図 **5.22** に示す。

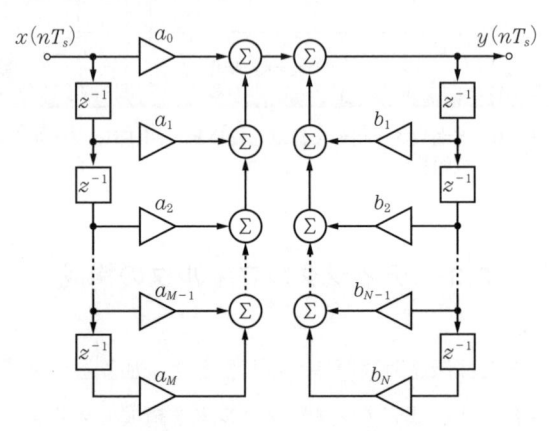

図 **5.21** IIR フィルタの直接形構成

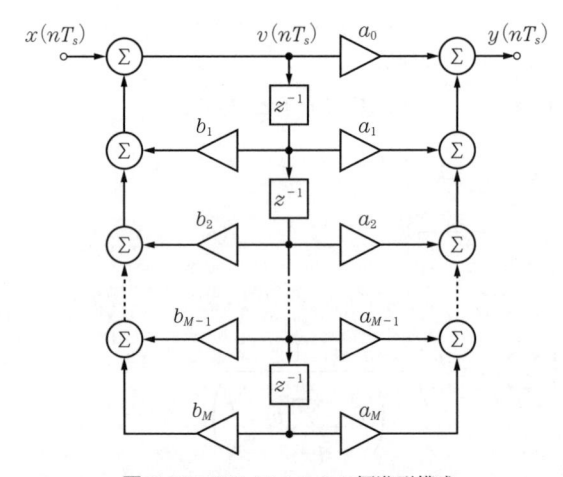

図 **5.22** IIR フィルタの標準形構成

(2) **縦続形構成**　伝達関数を因数の積

$$H(z) = a_0 \prod_{k=1}^{N_1} \frac{1 + a_{1k}^{(1)} z^{-1}}{1 - b_{1k}^{(1)} z^{-1}} \prod_{k=1}^{N_2} \frac{1 + a_{1k}^{(2)} z^{-1} + a_{2k}^{(2)} z^{-2}}{1 - b_{1k}^{(2)} z^{-1} - b_{2k}^{(2)} z^{-2}} \tag{5.134}$$

に分解し，各因数ごとに構成した1次と2次の基本フィルタを直列接続したものが**縦続形構成**（cascade-form realization）である。1次と2次の基本フィルタは伝達関数の分母を因数分解することなく乗算係数の値から安定性を容易に判断できるうえ，簡単に構成できる理由で構成要素として広く利用されている。図 **5.23** に $N_1 = N_2 = 1$ の場合の構成例を示す。縦続形構成は直接形構成に比べ乗算係数の感度が低く，丸め誤差にも強いことが報告されている。

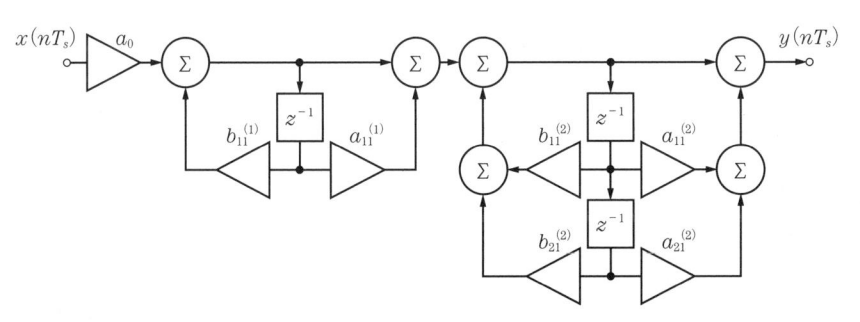

図 **5.23**　IIR フィルタの縦続形構成

(3) **並列形構成**　伝達関数を

$$H(z) = \sum_{k=1}^{N_1} \frac{a_{0k}^{(1)}}{1 - b_{1k}^{(1)} z^{-1}} + \sum_{k=1}^{N_2} \frac{a_{0k}^{(2)} + a_{1k}^{(2)} z^{-1}}{1 - b_{1k}^{(2)} z^{-1} - b_{2k}^{(2)} z^{-2}}$$
$$+ \sum_{k=0}^{M-N} c_k z^{-k} \tag{5.135}$$

のように部分分数に展開し，各因数ごとに構成した1次と2次の基本フィルタを並列接続したものが**並列形構成**（parallel-form realization）である。図 **5.24** に $N = M$, $N_1 = N_2 = 1$ の場合の構成例を示す。並列形構成では基本フィルタに同一の信号が同時に入力されるので，並列処理を導入でき，実時間処理に有利である。

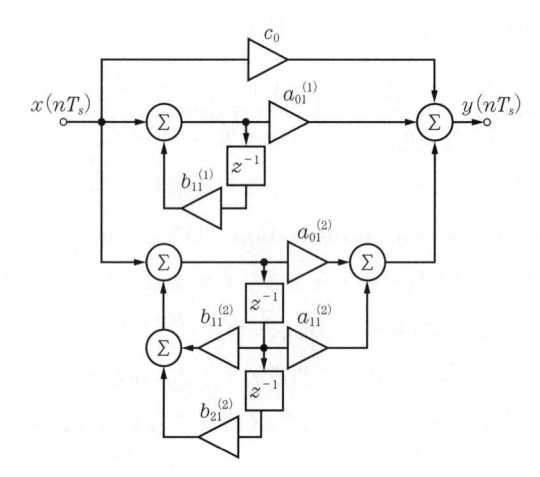

図 5.24　IIR フィルタの並列形構成

5.3.2　FIR フィルタの構成

（1）直接形構成　　伝達関数

$$H(z) = \sum_{k=0}^{M} a_k z^{-k} \tag{5.136}$$

から，図 5.25 に示すような $M+1$ 個の乗算器と M 個の遅延器を使用した**直接形構成**（direct-form realization）が得られる．この構成はトランスバーサル形構成とも呼ばれる．

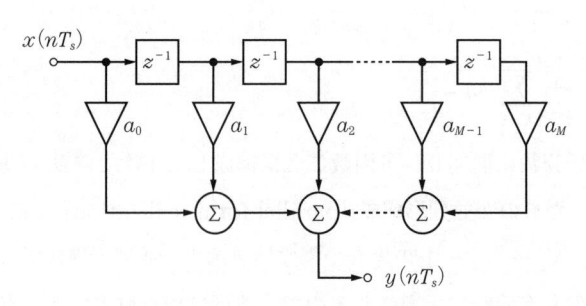

図 5.25　FIR フィルタの直接形構成

(2) **縦続形構成**　伝達関数を z^{-1} の1次と2次の多項式の積

$$H(z) = \prod_{k=1}^{N_1} H_{1k}(z) \prod_{k=1}^{N_2} H_{2k}(z) \tag{5.137}$$

に分解し，$H_{1k}(z)$ と $H_{2k}(z)$ をそれぞれ個別に構成した後，それらを縦続接続したものが**縦続形構成**（cascade-form realization）である。ここで

$$H_{1k}(z) = a_{0k}^{(1)} + a_{1k}^{(1)} z^{-1}, \quad H_{2k}(z) = a_{0k}^{(2)} + a_{1k}^{(2)} z^{-1} + a_{2k}^{(2)} z^{-2} \tag{5.138}$$

である。$N_1 = N_2 = 1$ の場合の構成例を図 **5.26** に示す。

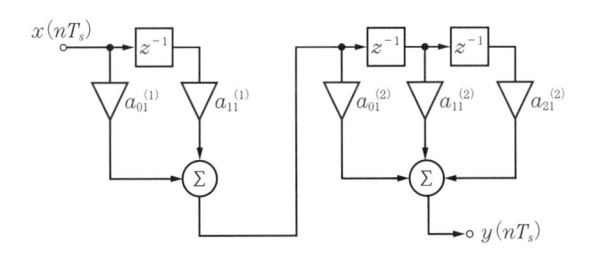

図 **5.26**　FIR フィルタの縦続形構成

章　末　問　題

【1】図 **5.27** に示すように，理想帯域通過特性を $150(=N)$ 等分した標本値

$$\left| H_d\left(200k\right) \right| = \begin{cases} 1 & (8 \leq k \leq 17, 133 \leq k \leq 142) \\ 0.5 & (k = 7, 18, 132, 143) \\ 0 & (0 \leq k \leq 6, 19 \leq k \leq 131, 144 \leq k \leq 149) \end{cases} \tag{5.139}$$

を希望振幅特性とする BPF について以下の問に答えよ。標本化周波数は 30 kHz とする。

(1)　式 (5.139) を希望振幅特性とする次数 $2M = 64$ の直線位相 FIR フィルタの乗算係数を窓関数法を用いて求めよ。窓関数はハミング窓とする。

(2)　(1) で設計した直線位相 FIR フィルタの振幅特性を式 (5.120) を用いて求めよ。

5. ディジタルフィルタの設計

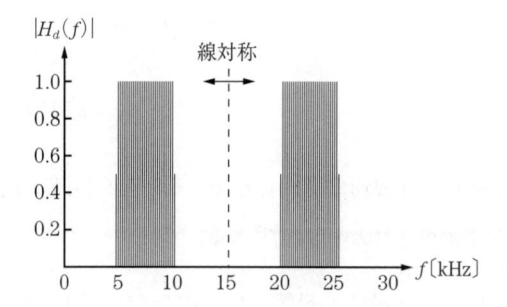

|$H_d(f)$|

線対称

図 5.27 BPF の希望振幅特性

(3) 500 Hz, 2.5 kHz, 4.5 kHz 周波数成分から成る離散時間信号

$$x(nT_s) = 0.6\sin(2\pi 500 nT_s) + 0.5\sin(2\pi 2500 nT_s)$$
$$+ 0.7\sin(2\pi 4500 nT_s) \tag{5.140}$$

を (1) で設計した直線位相 FIR フィルタに入力する。出力信号波形をパソコンを用いて求めよ。

引用・参考文献

1) 辻井重男, 久保田一：わかりやすいディジタル信号処理, オーム社 (1993)
2) 和田成夫：よくわかる信号処理, 森北出版 (2009)
3) 飯國洋二：基礎から学ぶ信号処理, 培風館 (2004)
4) 三上直樹：はじめて学ぶディジタル・フィルタと高速フーリエ変換, CQ 出版 (2009)
5) 三谷政昭：ディジタルフィルタデザイン, 昭晃堂 (1991)
6) 佐川雅彦, 貴家仁志：高速フーリエ変換とその応用, 昭晃堂 (1992)
7) 渡部英二：ディジタル信号処理システムの基礎, 森北出版 (2008)
8) 谷口慶治：信号処理の基礎, 共立出版 (2001)
9) 小畑秀文, 浜田 望, 田村安孝：信号処理入門, コロナ社 (2007)

索　引

【あ】
アナログ信号　　　　　　　1
アンチエイリアシング
　フィルタ　　　　　　　　6
安定条件　　　　　　　　 59

【い】
位相スペクトル　　　　　 80
位相特性　　　　　　　　 64
因果性　　　　　　　　　 20
インパルス応答　　　　　 20
インプレイス　　　　　　104

【え】
エイリアシング　　　　　　6

【お】
折り返しひずみ　　　　　 10

【か】
回転子　　　　　　　　　 79
加算器　　　　　　　　　 18
過渡応答　　　　　　 36, 41

【き】
基本周波数　　　　　　　 80
逆フーリエ変換　　　　　　7
逆 z 変換　　　　　　　 53
極　　　　　　　　　　　 58

【く】
群遅延特性　　　　　　　154

【け】
減衰量表示　　　　　　　 65

【こ】
高域通過フィルタ　　　　 68
高速逆フーリエ変換　　　107
高速フーリエ変換　　　　 97

【さ】
最大平坦特性　　　　　　125
差分方程式　　　　　　　 19

【し】
時間間引き FFT
　アルゴリズム　　　　　103
遮断周波数　　　　　　　 67
周期性　　　　　　　　　 84
縦続形構成　　　　　169, 171
収束領域　　　　　　　　 49
周波数特性　　　　　　　 63
周波数分解能　　　　　　120
周波数変換　　　　　　　142
周波数間引き FFT
　アルゴリズム　　　　　103
巡回形フィルタ　　　　　 27
循環推移　　　　　　　　 85
循環たたみ込み　　　　　 86
乗算器　　　　　　　　　 18
信号対雑音比　　　　　　 14
振幅スペクトル　　　　　 80
振幅特性　　　　　　　　 64

【す】
ステップ応答　　　　　　 34

スペクトル漏れ　　　　　117

【せ】
正弦波　　　　　　　　　 38
遷移域　　　　　　　　　 67
全域通過フィルタ　　　　 69
線形性　　　　　　　　　 51

【そ】
双曲線関数　　　　　　　131
阻止域　　　　　　　　　 67

【た】
帯域阻止フィルタ　　　　 69
帯域通過フィルタ　　　　 68
対称性　　　　　　　　　 84
第 k 次高調波周波数　　 80
たたみ込み演算　　　　　 37
たたみ込み演算の z 変換　51
単位インパルス関数　　　 20
単位ステップ関数　　　　 34
単位パルス列　　　　　　　4

【ち】
チェビシェフ多項式　　　131
チェビシェフ特性　　　　131
遅延器　　　　　　　　　 18
直接形構成　　　　　168, 170
直線位相特性　　　　　　154
直交行列　　　　　　　　 81
直交変換　　　　　　　　 81

【つ】
通過域　　　　　　　　　 67

索　引

【て】

低域通過フィルタ	6, 41, 68
ディジタル信号	1
ディジタル信号処理	14
定常応答	36, 43
デシベル	65
デルタ関数	4
伝達関数	56

【と】

等リプル特性	134

【な】

ナイキスト周波数	5

【に】

2の補数表示	3

【は】

パーセバルの公式	85
バタフライ演算	103
バタワース特性	125
ハニング窓	117, 118
ハミング窓	117, 120, 165

【ひ】

非巡回形フィルタ	30
ビット反転	105
標準形構成	168
標本化周期	1
標本化周波数	1
標本化定理	9
標本値列	1

【ふ】

フーリエ変換	7
フェーザ表示	64
符号化	3
ブラックマン窓	117, 120
プリワーピング	145

【へ】

並列形構成	169

【ほ】

方形窓	86, 117
ホールド回路	4

【ま】

窓関数	117, 165
窓関数法	165

【ら】

ラプラス変換	128

【り】

離散逆フーリエ変換	87
離散時間信号	3
離散フーリエ変換	79
利得表示	65
量子化	3
量子化誤差	3, 13

【れ】

零　点	57

【A】

A-D 変換	3

【D】

DFT	79
DSP	14

【F】

FFT	97
FFT アルゴリズム	103

【I】

IDFT	87

【S】

$s-z$ 変換	124

【Z】

z 平面	48
z 変換	48

―― 著者略歴 ――

1985年 千葉工業大学工学部電気工学科卒業
1987年 東京農工大学大学院修士課程修了（電子工学専攻）
1990年 東京工業大学大学院博士課程修了（電子物理工学専攻）
　　　　工学博士
1990年 東京工科大学講師
1996年 東京工科大学助教授
2007年 東京工科大学准教授
　　　　現在に至る

C言語によるはじめて学ぶ信号処理
Introduction to Signal Processing with C Programming Language

© Kunio Oishi 2013

2013年 4月15日 初版第1刷発行　★
2020年 3月15日 初版第2刷発行

検印省略	著　者	大　石　邦　夫
	発行者	株式会社　コロナ社
		代表者　牛来真也
	印刷所	三美印刷株式会社
	製本所	有限会社　愛千製本所

112-0011 東京都文京区千石 4-46-10
発行所　株式会社　コロナ社
CORONA PUBLISHING CO., LTD.
Tokyo Japan
振替 00140-8-14844・電話(03)3941-3131(代)
ホームページ https://www.coronasha.co.jp

ISBN 978-4-339-00847-0　C3055　Printed in Japan　　　　（吉原）

[JCOPY] <出版者著作権管理機構 委託出版物>
本書の無断複製は著作権法上での例外を除き禁じられています。複製される場合は、そのつど事前に、出版者著作権管理機構（電話 03-5244-5088, FAX 03-5244-5089, e-mail: info@jcopy.or.jp）の許諾を得てください。

本書のコピー、スキャン、デジタル化等の無断複製・転載は著作権法上での例外を除き禁じられています。
購入者以外の第三者による本書の電子データ化及び電子書籍化は、いかなる場合も認めていません。
落丁・乱丁はお取替えいたします。

電気・電子系教科書シリーズ

(各巻A5判)

■編集委員長　高橋　寛
■幹　　　事　湯田幸八
■編集委員　　江間　敏・竹下鉄夫・多田泰芳
　　　　　　　中澤達夫・西山明彦

配本順		書名	著者	頁	本体
1.	(16回)	電　気　基　礎	柴田尚志・皆藤新吾・田泰芳 共著	252	3000円
2.	(14回)	電　磁　気　学	多田泰芳・柴田尚志 共著	304	3600円
3.	(21回)	電気回路Ⅰ	柴田尚志 著	248	3000円
4.	(3回)	電気回路Ⅱ	遠藤　勲・鈴木純一 編著	208	2600円
5.	(29回)	電気・電子計測工学(改訂版) ―新SI対応―	吉澤昌純・降矢典恵・福田和明・高橋雄一・西山巳之彦 共著	222	2800円
6.	(8回)	制　御　工　学	下西二郎・奥平鎮正 共著	216	2600円
7.	(18回)	ディジタル制御	青西俊幸・木堀　立 共著	202	2500円
8.	(25回)	ロボット工学	白水俊次 著	240	3000円
9.	(1回)	電子工学基礎	中澤達夫・藤原勝幸 共著	174	2200円
10.	(6回)	半導体工学	渡辺英夫 著	160	2000円
11.	(15回)	電気・電子材料	中澤・押田・森山・服部 共著	208	2500円
12.	(13回)	電子回路	須田健二 共著	238	2800円
13.	(2回)	ディジタル回路	土田英一・伊原充博・若海弘夫・吉室賀津也 共著	240	2800円
14.	(11回)	情報リテラシー入門	山下　進・下巌 共著	176	2200円
15.	(19回)	C++プログラミング入門	湯田幸八 著	256	2800円
16.	(22回)	マイクロコンピュータ制御 プログラミング入門	柚賀正光・千代谷慶 共著	244	3000円
17.	(17回)	計算機システム(改訂版)	春日・舘泉雄八・田原充博・幸治 共著	240	2800円
18.	(10回)	アルゴリズムとデータ構造	湯田伊原幸八・勉弘 共著	252	3000円
19.	(7回)	電気機器工学	前新・江谷間橋・敏勲 共著	222	2700円
20.	(9回)	パワーエレクトロニクス	江間　敏 共著	202	2500円
21.	(28回)	電力工学(改訂版)	甲斐隆成・三木英機・吉川章彦 共著	296	3000円
22.	(5回)	情　報　理　論	竹下鉄夫・吉川英機 共著	216	2600円
23.	(26回)	通　信　工　学	竹下鉄夫・松田豊稔 共著	198	2500円
24.	(24回)	電　波　工　学	宮田克正・部田久 共著	238	2800円
25.	(23回)	情報通信システム(改訂版)	南・岡田・桑原月史・裕唯孝志 共著	206	2500円
26.	(20回)	高電圧工学	植松・箕原 共著	216	2800円

定価は本体価格+税です。
定価は変更されることがありますのでご了承下さい。

図書目録進呈◆

電子情報通信レクチャーシリーズ

(各巻B5判，欠番は品切または未発行です)
■電子情報通信学会編

	配本順			頁	本体
		共　通			
A-1	(第30回)	電子情報通信と産業	西村吉雄著	272	4700円
A-2	(第14回)	電子情報通信技術史 ―おもに日本を中心としたマイルストーン―	「技術と歴史」研究会編	276	4700円
A-3	(第26回)	情報社会・セキュリティ・倫理	辻井重男著	172	3000円
A-5	(第6回)	情報リテラシーとプレゼンテーション	青木由直著	216	3400円
A-6	(第29回)	コンピュータの基礎	村岡洋一著	160	2800円
A-7	(第19回)	情報通信ネットワーク	水澤純一著	192	3000円
A-9		電子物性とデバイス	益　一哉 天川　修平 共著		
		基　礎			
B-5	(第33回)	論理回路	安浦寛人著	140	2400円
B-6	(第9回)	オートマトン・言語と計算理論	岩間一雄著	186	3000円
B-7		コンピュータプログラミング	富樫敦著		
B-8	(第35回)	データ構造とアルゴリズム	岩沼宏治他著	208	3300円
B-9		ネットワーク工学	田中村野敬裕介 仙石正和 共著		近刊
B-10	(第1回)	電磁気学	後藤尚久著	186	2900円
B-11	(第20回)	基礎電子物性工学 ―量子力学の基本と応用―	阿部正紀著	154	2700円
B-12	(第4回)	波動解析基礎	小柴正則著	162	2600円
B-13	(第2回)	電磁気計測	岩﨑俊著	182	2900円
		基　盤			
C-1	(第13回)	情報・符号・暗号の理論	今井秀樹著	220	3500円
C-3	(第25回)	電子回路	関根慶太郎著	190	3300円
C-4	(第21回)	数理計画法	山下信雄 福島雅夫 共著	192	3000円

配本順				頁	本体
C-6	(第17回)	インターネット工学	後藤滋樹・外山勝保 共著	162	2800円
C-7	(第3回)	画像・メディア工学	吹抜敬彦 著	182	2900円
C-8	(第32回)	音声・言語処理	広瀬啓吉 著	140	2400円
C-9	(第11回)	コンピュータアーキテクチャ	坂井修一 著	158	2700円
C-13	(第31回)	集積回路設計	浅田邦博 著	208	3600円
C-14	(第27回)	電子デバイス	和保孝夫 著	198	3200円
C-15	(第8回)	光・電磁波工学	鹿子嶋憲一 著	200	3300円
C-16	(第28回)	電子物性工学	奥村次徳 著	160	2800円

展開

D-3	(第22回)	非線形理論	香田徹 著	208	3600円
D-5	(第23回)	モバイルコミュニケーション	中川正雄・大槻知明 共著	176	3000円
D-8	(第12回)	現代暗号の基礎数理	黒澤馨・尾形わかは 共著	198	3100円
D-11	(第18回)	結像光学の基礎	本田捷夫 著	174	3000円
D-14	(第5回)	並列分散処理	谷口秀夫 著	148	2300円
D-15		電波システム工学	唐沢好男・藤井威生 共著		
D-16		電磁環境工学	徳田正満 著		
D-17	(第16回)	VLSI工学 —基礎・設計編—	岩田穆 著	182	3100円
D-18	(第10回)	超高速エレクトロニクス	中村徹・三島友義 共著	158	2600円
D-23	(第24回)	バイオ情報学 —パーソナルゲノム解析から生体シミュレーションまで—	小長谷明彦 著	172	3000円
D-24	(第7回)	脳工学	武田常広 著	240	3800円
D-25	(第34回)	福祉工学の基礎	伊福部達 著	236	4100円
D-27	(第15回)	VLSI工学 —製造プロセス編—	角南英夫 著	204	3300円

定価は本体価格+税です。
定価は変更されることがありますのでご了承下さい。

図書目録進呈◆

コンピュータサイエンス教科書シリーズ

(各巻A5判，欠番は品切または未発行です)

■編集委員長　曽和将容
■編集委員　　岩田　彰・富田悦次

配本順			頁	本体
1. (8回)	情報リテラシー	立花康夫／曽春日秀／和将容 共著	234	2800円
2. (15回)	データ構造とアルゴリズム	伊藤大雄 著	228	2800円
4. (7回)	プログラミング言語論	大山口通夫／五味弘 共著	238	2900円
5. (14回)	論理回路	曽範和公将可容 共著	174	2500円
6. (1回)	コンピュータアーキテクチャ	曽和将容 著	232	2800円
7. (9回)	オペレーティングシステム	大澤範高 著	240	2900円
8. (3回)	コンパイラ	中田育男 監修／中井央 著	206	2500円
10. (13回)	インターネット	加藤聰彦 著	240	3000円
11. (17回)	改訂 ディジタル通信	岩波保則 著	240	2900円
12. (16回)	人工知能原理	加納政雅／山田芳之／遠藤守 共著	232	2900円
13. (10回)	ディジタルシグナルプロセッシング	岩田彰 編著	190	2500円
15. (2回)	離散数学 ―CD-ROM付―	牛島和夫 編著／相廣利雄／朝民一 共著	224	3000円
16. (5回)	計算論	小林孝次郎 著	214	2600円
18. (11回)	数理論理学	古川康一／向井国昭 共著	234	2800円
19. (6回)	数理計画法	加藤直樹 著	232	2800円

定価は本体価格+税です。
定価は変更されることがありますのでご了承下さい。

◆図書目録進呈◆

ディジタル信号処理ライブラリー

(各巻A5判)

■企画・編集責任者　谷萩隆嗣

配本順		頁	本体
1.（1回）	ディジタル信号処理と基礎理論　谷萩隆嗣著	276	3500円
2.（8回）	ディジタルフィルタと信号処理　谷萩隆嗣著	244	3500円
3.（2回）	音声と画像のディジタル信号処理　谷萩隆嗣編著	264	3600円
4.（7回）	高速アルゴリズムと並列信号処理　谷萩隆嗣編著	268	3800円
5.（9回）	カルマンフィルタと適応信号処理　谷萩隆嗣著	294	4300円
6.（10回）	ARMAシステムとディジタル信号処理　谷萩隆嗣著	238	3600円
7.（3回）	VLSIとディジタル信号処理　谷萩隆嗣編	288	3800円
8.（6回）	情報通信とディジタル信号処理　谷萩隆嗣編著	314	4400円
9.（5回）	ニューラルネットワークとファジィ信号処理　谷萩隆嗣編著／萩原将文／山口亨共著	236	3300円
10.（4回）	マルチメディアとディジタル信号処理　谷萩隆嗣編著	332	4400円

テレビジョン学会教科書シリーズ

(各巻A5判，欠番は品切です)

■映像情報メディア学会編

配本順		頁	本体
1.（8回）	画像工学（増補）―画像のエレクトロニクス―　南敏／中村納共著	244	2800円
2.（9回）	基礎光学―光の古典論から量子論まで―　大頭仁／高木康博共著	252	3300円
4.（10回）	誤り訂正符号と暗号の基礎数理　笠原正雄／佐竹賢治共著	158	2100円
8.（6回）	信号処理工学―信号・システムの理論と処理技術―　今井聖著	214	2800円
9.（5回）	認識工学―パターン認識とその応用―　鳥脇純一郎著	238	2900円
11.（7回）	人間情報工学―バイオニクスからロボットまで―　中野馨著	280	3500円

定価は本体価格+税です。
定価は変更されることがありますのでご了承下さい。

図書目録進呈◆

音響テクノロジーシリーズ

(各巻A5判，欠番は品切です)

■日本音響学会編

No.	タイトル	著者	頁	本体
1.	音のコミュニケーション工学 ―マルチメディア時代の音声・音響技術―	北脇信彦編著	268	3700円
3.	音の福祉工学	伊福部 達著	252	3500円
4.	音の評価のための心理学的測定法	難波精一郎・桑野園子共著	238	3500円
7.	音・音場のディジタル処理	山崎芳男・金田 豊編著	222	3300円
8.	改訂 環境騒音・建築音響の測定	橘 秀樹・矢野博夫共著	198	3000円
9.	新版 アクティブノイズコントロール	西村正治・宇佐川毅・伊勢史郎・梶川嘉延共著	238	3600円
10.	音源の流体音響学 ―CD-ROM付―	吉川 茂・和田 仁編著	280	4000円
11.	聴覚診断と聴覚補償	舩坂宗太郎著	208	3000円
12.	音環境デザイン	桑野園子編著	260	3600円
13.	音楽と楽器の音響測定 ―CD-ROM付―	吉川 茂・鈴木英男編著	304	4600円
14.	音声生成の計算モデルと可視化	鏑木時彦編著	274	4000円
15.	アコースティックイメージング	秋山いわき編著	254	3800円
16.	音のアレイ信号処理 ―音源の定位・追跡と分離―	浅野 太著	288	4200円
17.	オーディオトランスデューサ工学 ―マイクロホン、スピーカ、イヤホンの基本と現代技術―	大賀寿郎著	294	4400円
18.	非線形音響 ―基礎と応用―	鎌倉友男編著	286	4200円
19.	頭部伝達関数の基礎と3次元音響システムへの応用	飯田一博著	254	3800円
20.	音響情報ハイディング技術	鵜木祐史・西村竜一・伊藤彰則・西村 明・近藤和弘・薗田光太朗共著	172	2700円
21.	熱音響デバイス	琵琶哲志著	296	4400円
22.	音声分析合成	森勢将雅著	272	4000円
23.	弾性表面波・圧電振動型センサ	近藤 淳・工藤すばる共著	230	3500円

以下続刊

物理と心理から見る音楽の音響	三浦雅展編著
建築におけるスピーチプライバシー ―その評価と音空間設計―	清水 寧編著
聴覚・発話に関する脳活動観測	今泉 敏編著
聴取実験の基本と実践	栗栖清浩編著
超音波モータ	青柳 学・黒澤 実・中村健太郎共著
聴覚の支援技術	中川誠司編著
機械学習による音声認識	久保陽太郎著

定価は本体価格+税です。
定価は変更されることがありますのでご了承下さい。

◆図書目録進呈◆